U0038249

邊讀．邊作．邊玩！

機構木工玩具製作全書

劉玉珺．蔡淑玫◎著

Recommend

　　「彈珠台」是一項包含機構與傳動概念的玩具。在木製玩具中，很適合老中青幼各年齡層參與。從設計製作、休閒體驗到作品的玩賞，每一處都吸引著眾人的目光。我的好友蔡淑玫老師與劉玉琄老師多年在這個領域深研有成，在此將一些入門基礎技法集結成書，以期分享給木作同好，提供對此有興趣的您，一條很好的學習途徑。文中還有一些進階的範例，對照基礎技法，讓大家清楚瞭解由簡入繁的設計思維。絕對是一本值得閱讀與學習的木作玩具參考書籍，您一定能從中找到許多樂趣與喜悅，趕快收藏、動手製作吧！

專業推薦
哈莉貓木工講堂　**陳秉魁** 老師

台灣木工達人。二十幾年來致力於木工教學有成。著有《西式鋼鉋一點通！》、《樂活木工輕鬆作：木工雕刻機與Router Table的魔法奇招》、《做一個漂亮的木樺——木工雕刻機與修邊機的進階使用》。

Authors

劉玉玨 CHUAN LIU

畢業於羅德島設計學院（Rhode Island School of Design）建築學系，並取得建築系與藝術系雙學位。曾任職木工坊從事教學及玩具設計開發，目前擔任木工玩具產品開發設計師。擅長將建築理念融入玩具結構，致力研發出能帶給大家歡笑與啟發的木作玩具。

經歷 /
2017　參加「木人茶趣——茶道具創作聯展」
2017　參加第三屆美國 AAW 木工車床協會分支
　　　WIT 木工車床協會作品義賣展
2016　參加第壹屆臺灣金趣咪木質玩具競賽
　　　榮獲創作「佳作獎」
2015　設計出版書籍「西式鋼刨壹點通」封面書皮
2013　現今 L³ Studio（立方工作室）
　　　個人工作室總設計師

www.yu-chuanliu.com
www.instagram.com/thelcubestudio
www.facebook.com/lcubestudio

在現今這個速食社會，什麼東西都要求要快，彷彿快就是好。為加快作業時間，許多製作工序都將原本為一個人的作業切割成碎片，讓不同人去專精每項步驟。但最終懂得整個過程的人卻寥寥無幾。製作者變成了製作程序中的一個零件，缺他不可卻又隨時可被替代。這很可惜。偏偏我們就是喜歡反其道而行，人們越是提倡快速生活，我們越是想要慢慢過活。喜歡木頭在手裏溫潤的觸感，喜歡從選材到切割、鉋木、塑形、研磨等每一步都盡在自己手中，最終做出自己能引以為豪的作品。想要活在當下，感受當下，享受當下。

相較於目前市面上熱門的木作科技產品或各式精緻木質文具，我們選擇了較冷門的木工機構玩具為研究題材。我們相信，一如建築是從一塊磚瓦開始，玩具不僅僅是孩子的玩物，更應該是孩子成長中的一塊磚。透過玩具訓練孩子的手眼協調，了解因果關係，培養邏輯思維，從而促進並豐富孩子的成長。機構玩具突破了傳統對於「玩具」的局限，是適合全年齡層，人人均可享受其樂趣的物件。它的變化豐富，組合多樣化，是可一而再再而三，孜孜不倦不停研究的題材。

蔡淑玫 May Tsai

我喜歡用寫故事的方式來構思機構玩具的設計。
故事章節中的起承轉合就是各個機構的組合單位，
特別是彈珠機構玩具更是要掌握這四個部分：

起——彈珠運行的起始點
承——上升機構
轉——下降機構
合——彈珠與起點的會合

而故事中的場景就是木作造型的元素，
再加上一個簡單的動力機制，
就能上演一幕幕有趣且精彩的表演，
木頭的生命再次舞動起來！

機構玩具不僅是集結細木工、木工車床、雕刻⋯⋯
各方面的技巧，
設計時，除了需要理性的邏輯思考、
細心串聯每個機構環節之外，
更要能運用創意想像，讓作品生動有趣。
在製作過程中，可能會遇到非預期的瓶頸，
藉此培養解決問題的能力，
在把玩成品時那種周而復始、生生不息的循環，
尤其具有紓壓療癒的奇效。
本書中的示範作品僅僅是機構玩具的滄海一粟，
還有更多更有趣的可能組合，等待您一起來發掘；
零到九九歲都適合的機構玩具，邀請您一同來體驗！

2011年開始木工修業，2013年學習漆藝，
曾任職木工坊從事教學及木作玩具設計開發，
現為自由創作者，以生活木器為主要創作方向，
讓木器更貼近日常，成為日日可用的實用器皿。
而激活想像力的木作玩具更是創作的活水泉源。

展覽經歷 /
2012　迴歸——木藝創作聯展
2013　木頭亮起來——木燈具創作聯展
2014　木時間——木質創作聯展
2016　金趣咪獎——木質玩具競賽 社會組佳作
2017　器重——五行工藝生活特展
2017　木人茶趣——茶道具創作聯展

www.facebook.com/meiwoodthings
www.instagram.com/meiwoodthings

Contents

Preface

從何而來

　　若要追溯彈珠的起源，它的足跡偏布全球，其歷史幾乎不可考。沒有人能夠準確地說彈珠相關的遊戲是從何時開始。

　　根據考古在龐貝城，埃及的金字塔，美國的原住民等遺跡中都有人們玩彈珠的痕跡。中國早期富貴人家也會用珍珠瑪瑙等名貴光滑的珍寶來作為彈珠把玩。窮人家的孩子則以圓潤的小石子兒或磨圓的陶器碎片等當作彈珠遊戲。

　　在一系列彈珠相關遊戲中，打彈珠是最為常見且受人喜愛的活動。打彈珠原是一種將彈珠彈向某一目標的娛樂性遊戲，之後才發展成一種競技比賽。以人類行為學來說，全球各地的人們能夠不約而同的發展此遊戲也可代表人類一種渴望目標與競爭的本性。

　　早期的彈珠材料從廉價的石頭到昂貴的大理石都頗常見。19世紀初出現了以陶瓷製作的彈珠。其後更有人研發能夠批量製作的黏土彈珠。但真正讓彈珠大放異彩的是由一位德國玻璃工匠製作出的玻璃彈珠。

　　1903年，移民美國的丹麥人M. F. Christensen為他發明的玻璃彈珠大量生產機器申請並獲得了專利。在彈珠製作的歷史上翻開了嶄新的一頁。

　　曾月銷量達上百萬顆彈珠的企業如今雖已沒落，但彈珠卻成了我們生活的一部分。1975年美國更是製作了以彈珠台為主角的綜藝節目，為後來的Marble Machine拉開了序幕。

　　如今有許多熱愛DIY的玩家以彈珠為主題研發許多機構玩具，大家將其統稱為Marble Machine，本書則稱之為機構木工玩具。

談談彈珠

　　彈珠對大家來說都不陌生。說到「彈珠」大家不可避免地就會把它與另一個單詞「童年」聯想在一起。

　　小時候大家常常光顧的柑仔店裡，竹編的竹簍裡擺著一顆顆透亮的，色彩繽紛的彈珠。陳列架上，擺放著一排排綠色玻璃的汽水瓶，將彈珠壓下聽到「啵！」一聲，緊接而來是碳酸汽水那特有的氣泡聲。喝下一口，頓時在炎熱的夏日裡感到一陣透心涼。

　　在漆黑的夜晚中，亮如白晝的夜市裡，一座座一字排開的彈珠台等待孩子們的光臨。坐上塑膠椅，拉下發射台的彈簧，彈珠「咻！」的一聲發射。看著彈珠彈跳的身影，聽著他碰撞鐵釘時所發出的清澈聲響，一面期待，一面又害怕著彈珠不會落到自己想要的行列。

　　下課時，喧鬧的操場旁，三五成群的孩子們趴在地上，比賽彈彈珠，炫耀著自己收集的各式彈珠戰利品。這些記憶，相信對大家來說都不陌生。對台灣人來說，彈珠不僅僅是一個玩具，它還詮釋了童年。

　　這次，兩位童心未泯的作者將我們熱愛的童年玩具──彈珠，與細膩的木工結合在一起，創造出屬於彈珠的另一片天空，為彈珠製造出一個屬於它的獨特伸展台。為喜愛DIY的大家再一次重溫那失去已久的童年，喚起那在每個人心裡深處，都有著的一顆童心。

　　本書將先以「故事繪本」的形式呈現七座機構木工玩具，而後選出其中四座作詳細的製作過程說明，另增三座入門的簡易機構，帶領大家由淺入深地盡情享受機構木工玩具的製作樂趣。

Chapter 1

•••••••• tools

看看工具

看看工具

木工車床

車床（鏇床）是一種將木頭固定在一個旋轉主軸上進行加工的機具，使其能夠作出切割、砂磨、鑽木等作業。

相較於其他可用手工工具替代的機器，車床在玩具製作裡可說是不可替換的機具。

帶鋸機

帶鋸機是由一條單邊帶有鋸齒的環狀形鋸條，藉由輪子的高速旋轉帶動鋸條並進行切割的電動工具。

玩具多以小零件為主，使用帶鋸機時需萬分小心。操作妥當則可大大降低其危險性。

圓盤式砂光機

圓盤式砂光機是以圓形砂布黏貼在圓盤上並高速旋轉摩擦木頭表面使其能夠逐漸細緻的木工機具。

圓盤式砂光機的好處在於可以處理相對尺寸較小的木料。

平台式圓鋸機

圓鋸機以圓型的鋸片高速旋轉鋸開木頭。圓鋸可縱向或順向的切割木頭。使用時請小心並作好防範措施。

圓鋸機的切割面比帶鋸機要來的平滑，但不適宜切割尺寸過小的木頭。

特別提醒　木工機具的使用均有其危險性，請遵守安全守則，以確保自身安全。

鑿刀

鑿刀是一把有長長刀刃的切割工具。刀刃只有上端開鋒，左右兩邊則作導角，一般以木槌或香檳鎚敲擊其把手用以修整木料。

雕刻刀

雕刻刀是用來挖不同造型溝槽的刀具。本書主要是以雕刻刀挖彈珠軌道，因此可一次購買整組（有時會含迷你鑿刀）或依需求單支購買。

細工鋸

細工鋸是一把小型的雙面鋸，一側為粗齒，一側為細齒。最大特色在於薄而韌，能夠依情況彎曲切割。因體型小很適合用來作玩具。

刮板

刮板是一塊鐵片狀的刀具，其中一個長邊開鋒刀口鋒利（可兩個長邊都開鋒但使用時請小心）。以開鋒的刀口薄薄地切削木頭使其光滑。

看看工具

各式鎚子

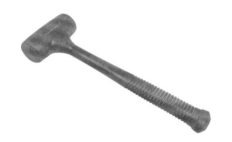

各種槌子，例如：木槌、香檳鎚、銅鎚等都可用來輔助玩具製作。勿以鐵鎚敲擊鑿刀因可使鑿刀的木柄裂開。

快乾膠

三秒膠是快乾膠的一種。最常見的有155 跟330兩種快乾膠。155較為液態，乾燥速度快；330較為固態，乾燥速度較慢。

黏合劑

黏合劑有許多家廠牌，其中美國產的titebond快乾是最為廣泛的木工膠之一，黏性佳，且具伸縮性，久了不容易脆裂。

白膠

國產的白膠也有相似的特質，適合用來結合木頭。南寶樹脂為台灣白膠的一線大廠牌，可於一般美術社或文具店購買。

銼刀（粗）

鐵製銼刀上有許多尖銳凸起，來回磨擦木頭可
快速清除廢料。但摩擦過後的表面粗糙刮手。
可用於塑形，但不適合細修。

金工銼刀（細）

功用與上述的銼刀相同，相比之下金工銼刀能
將表面處理的更加精細，表面更平滑。但每次
僅能磨掉一點點木粉，不適合用來塑形。

迷你車刀

與普通車刀的功用相同，但尺寸更小。專門用
來處理普通車刀無法或不易處理的角度。很多
細小的玩具零件都需要靠迷你車刀製作。

熱熔槍

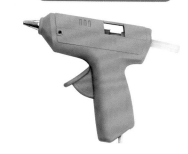

製作玩具需相對精確的製作尺寸與間距，因此
臨時固定就很重要了。熱熔膠可出色的完成這
項艱難的任務（除膠時請小心殘膠）。

Chapter 2

練練手感
practice

如何挖滑道

機構玩具中，滑道可說是必備零件。各式各樣不同造型，不同彎度的滑道可將彈珠引導至機構的任何角落。挖滑道最重要的一點就是要測量好所需的長度和彎度，以確保完成後能夠順利傳送彈珠。滑道所需的高度和它的斜度成一定比例，越傾斜的滑道則需要越高的牆面阻擋彈珠滑出滑道。

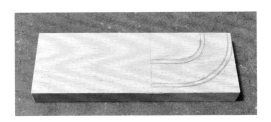

1 首先測量好滑道所需的彎度，以直尺將兩頭先畫出來。記得滑道的寬度要比彈珠的直徑稍微大一點，約3mm即可。轉彎處可用圓規畫線，刻出來的滑道弧度才會自然。

2 以一塊木板墊在滑道的一端並用快速夾夾緊。一方面有固定的作用，另一方面可以控制雕刻刀挖的距離。取雕刻刀的丸鑿（圓鑿）從滑道兩側向中心挖。一次挖約幾張紙的厚度即可，若一次挖太厚會很難下刀。

3 先沿著垂直於滑道彎度的角度一點點的挖起木料，不用馬上切斷木頭，較不會受木材紋理的影響導致挖太多或太少。再將挖起的木料順著滑道走向去除。

4
▼
5 將剩餘的滑道如上述挖除。建議如下圖先將兩頭挖除，可避免挖到木頭邊角時，不小心造成木紋撕裂。

• 如何修榫孔 •

修榫孔是木工的必修課。能不能有效率地將榫孔修正、修準會大大影響木工的效率。榫孔修得好,有時甚至不用黏合劑便可堅固接合。反之,若榫孔大小差距極大,則需要大量的黏合劑膠合。

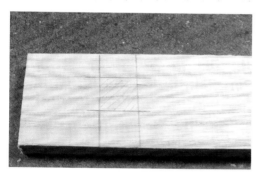

1 以T形或直尺標示出榫孔位置,可以鉛筆塗黑榫孔避免作業時弄錯區塊。標示時記得要將四角都畫出。

2 可以鑽床或角鑿機先去除榫孔中大部分的廢料。先設定機器的高度,高度要稍微比所需深度再淺一點,以修掉鑽頭的痕跡。不管以什麼型號的機器都不要鑽到滿,四邊各留約1mm的空隙。接著以鑿刀將榫孔修到位。若有時間和耐心

也可以從頭到尾皆以手工完成,完全不用電動機具。但這樣作業時間會相對延長。

3 修榫孔最需要注意的就是木紋走向,因為修鑿時很容易不小心扯到紋理導致一部分裂開或是剝落。如圖中的木頭,紋理是走左右向,那麼首先就要以垂直於紋理的方向將木紋切斷。

4
▼
5
如上圖以鑿刀在標記的線上將木紋紋理切斷,一次不要鑿太厚。之後再切斷順向的木紋,略作修整,則完成榫孔。

如何使用角鑿機

角鑿機比起鑽床，在修整方榫時較為好用。因為和相同直徑的鑽頭相比，它能夠剔除的木料更多。若不習慣使用角鑿機，可能會覺得剛開始用的時候不太順手，有點卡卡的。在此分享給大家一個使用角鑿機的小祕訣。

① 首先以游標卡尺設定好深度之後卡在角鑿機的高度升降台上，稍作微調之後則設定好角鑿機高度。

② 使用角鑿機時，不同於鑽床，木屑是集中從一個方向噴出。為什麼會這樣呢？仔細看角鑿機的構造，角鑿機是由一個中空形四角鑽中間包著一個木工鑽頭所形成。去除廢料的主要是由中間的圓形

鑽頭作業，包覆的四角鑽是負責將圓形去除不了的四角剔除。既然木工鑽頭被包起來了，那麼就一定要給鑽頭一個散熱空間。不然積累的木屑在高溫下容易被點燃，因此角鑿機才會有一邊開口的情況。

③ 以角鑿機移除木料時，切記不要壓線，留下大約 1 mm 的位置，事後手工修整邊角會比角鑿機的平順。角鑿機的使用祕訣就是順著開口的方向鑿除木料。若開口處在角鑿機的右方，那麼就從方榫的右上角開始鑿除木料。從右上至右下，以一列的方式鑿除後，再往左移動，如此重複直到將該去除的木料都鑿除為止。

④ 順著開口的方向去除木料。飛濺的木頭則會落在鑽好的洞裡，不會阻擋視線。反之，若從開口的反方向鑿除則會被飛濺的木屑阻擋鉛筆線的位置，導致每次均需將木屑移除才能定位下一次鑿除的位置。重複上述鑿除方式直至方榫內的木料都去除。以鑿刀作最後的修整。

如何固定轉軸

轉軸是所有機構玩具的核心之核心。本書所有的機構都是靠旋轉帶動轉輪進而牽動整座機構。但持續摩擦旋轉也是最容易讓木材脫膠的運動方式。為防止轉軸脫膠，導致整座機構運行中斷，需要以圓榫固定轉軸，讓零件脫膠時也能仰賴圓榫持續運作。

1. 事先定位好轉軸與轉輪之間的位置。將轉輪安置在虎鉗上鎖緊，以快速夾將虎鉗固定在鑽床上。裝上鑽頭，一面確認轉軸不會在轉輪裡來回跑動，一面鑽孔。孔深要從轉輪的一面貫穿轉軸後再穿入轉輪（如下圖）。圓榫寬度可與轉軸直徑等比例縮放，但盡量不要讓圓榫大於轉軸直徑的1/3，否則圓榫兩側的木料會太薄。

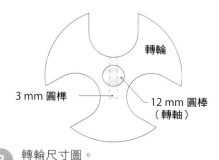

　轉輪

3 mm 圓榫 ──

── 12 mm 圓棒
（轉軸）

2. 轉輪尺寸圖。

3. 儘量將圓榫鑽在轉輪中間，且定位在不會影響機構運轉的位置。鑽好圓孔後，從虎鉗取下來之前最好先作記號，避免轉軸與轉輪錯位後找不到圓孔。

4. 取與圓榫相應的圓棒，在圓棒表面塗上白膠插入鑽好的榫孔內（孔洞內也可塗抹一些白膠）。以細工鋸將圓棒多餘的部分鋸除。

5. 以銼刀或砂紙將突起的圓棒順著轉輪磨平即完成固定轉軸的圓榫。

● **製作轉軸蓋** ●

轉軸蓋雖然是機構玩具裡面算是小之又小的一個零件，但在機構中可說是最安靜的幕後功臣。轉軸蓋能夠確保轉軸在界定的空間內轉動而不脫軌，增加整座機構的穩定性，間接減少需維修的部分與次數。轉軸蓋可以手工或車床製作。

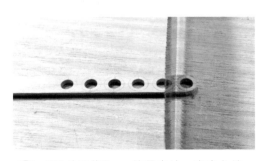

① 取1片厚約3mm的長木片，畫中心線。再來畫出中心線的垂直線，每條垂直線相距約8mm。以每個交集點為中心鑽4mm的圓孔。以鑽好的圓孔為中心，畫出直徑為8mm的外圈。以細工鋸將每個圓圈分別切開，不要鋸到剛剛才畫的8mm圓圈。

② 取相應寬度的鑿刀，沿著8mm圓圈將廢料切除。

③ 找一塊厚木頭讓圓圈能夠半懸空，壓住圓圈的一邊，以銼刀沿著周圍將邊角磨平，適時移動手的位置。這些圓圈套就是轉軸蓋。

④ 另一個製作轉軸蓋的方式是取現成的8mm圓棒，在車床（或鑽床）上鑽4mm的圓孔。將圓棒夾在虎鉗上，用銼刀將圓周銼成弧形後再切片。

⑤ 以上作法的轉軸蓋完成品功用均同P.19步驟④之圖。若希望極其平滑的表面則需以車床製作。

• 車床製作轉軸蓋 •

轉軸蓋也可利用車床製作,好處
是表面很光滑且精準度高,壞處
則是步驟比較多,較為花時間。
以下為您介紹車床製作的方式。
手工的作法適合比10mm小的轉
軸蓋,大於10mm則適合以車床
製作。

讓車床的旋轉直接畫線會比較容易。以
小圓鑿或任何順手的車刀車出轉軸蓋的
弧形。

③ 修好外型後,以砂紙將轉軸蓋的表面研
磨至光滑,從號數低的砂紙一路向高號
數磨,大約磨到320號,表面光滑度就
頗滑順了。

① 找一塊比轉軸蓋直徑大3mm的長條木
頭(裁長一點可一次作很多個),以長
鼻爪固定並車至轉軸蓋所需寬度(約比
轉軸圓棒直徑大3mm左右)。取與轉
軸圓棒相同直徑的鑽頭鑽洞。請不要鑽
破。

② 以鉛筆在10mm處左右標記一條線,此
為轉軸蓋的高度。將鉛筆靠在刀架上,

④ 以鑿刀將轉軸蓋切下,並以銼刀或砂紙
將切斷處磨至平滑。使用車床製作的轉
⑤ 軸蓋沒有大小的限制,只要在15mm以
上都不會太難製作。反之,若手工製作
大於10mm的轉軸蓋就不易將轉軸蓋弧
度均一。

Chapter 3

how to make
講講製作

下降機構
旋轉溜滑梯

一個能往復運作的彈珠機構玩具，基本上是由一個上升機構和一個下降機構所組成，其中下降機構主要是利用重力原則，運用高低落差的設計來完成。現在就先來練習作一個單純的下降機構——旋轉溜滑梯吧！

難易度：★   完成尺寸：長15×寬15×高25cm

材 料

用 途	長 × 寬 × 高
樓梯層板	30 mm×45 mm×7 mm （3片，白梣木，桃花心木，胡桃木各一） 30 mm×50 mm×7 mm （3片，白梣木，桃花心木，胡桃木各一） 30 mm×55 mm×7 mm （3片，白梣木，桃花心木，胡桃木各一） 30 mm×60 mm×7 mm （3片，白梣木，桃花心木，胡桃木各一） 30 mm×65 mm×7 mm （3片，白梣木，桃花心木，胡桃木各一） 30 mm×70 mm×7 mm （6片，白梣木，桃花心木，胡桃木各二）

（以上共計21片）

直徑4 mm圓棒 × 25 mm （備21支）

直徑12 mm圓棒 × 180 mm （備1支）

底座直徑 150 mm × 25 mm （厚）（備1片）

上頂造型直徑30 mm × 80 mm （可省略）

—— 上列為備料尺寸。備料尺寸指材料所需之總和，非完成尺寸。 ——

步驟解構

STEP 1 ① — ③   STEP 3 ① — ⑨

STEP 2 ① — ⑥   STEP 4 ① — ⑦

• 簡單入手下降機構 •

一台MARBLE MACHINE，主要的構成分為兩部分：上升和下降。上升機構藉由機構原理將彈珠從低處運往高處，而下降機構則是將被運往高處的彈珠藉由地心引力重新帶回低處，從而周而復始的一升一降。兩者相比較，下降機構要比上升機構來的容易，因為重力的關係彈珠會自然而然地不斷往下落。而上升機構則需要倚靠機械原理來讓彈珠一點點地被推至上方，若機構作得不夠精密，或是計算不夠準確則會導致運行不順。話雖如此，要將下將機構製作到能夠不卡彈珠，順利一步步下降也不容易。以下製作三個較為簡單的機構來作為練習。三個機構分別為一台上升機構、一台下降機構及一台循環上下的機構。

STEP 1

旋轉溜滑梯是以一片片同等厚度的木片以同一個軸心等距離旋轉而成的樓梯，看起來很像室內的旋轉樓梯。這種旋轉樓梯製作的方式也非常簡單。首先準備好備料清單裡面的木材，將木材都依照尺寸裁切完成。注意備料清單裡備註了每種尺寸皆為白樺木、桃花心木、胡桃木各1片，這是為了增加階梯的美

觀性，讓一層層的階梯有變化，但若實在是找不到那麼多不同木種的板料，也可都統一使用一種木種。以同一木種製作並不會影響其結構性。

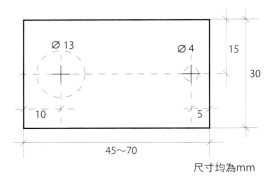

尺寸均為mm

① 首先將所有的板材依照上圖尺寸打孔。不論板材長度，尺寸一律以尾端向內計算。

② 將共計21片木材均打孔後，木材排列後應如圖每片板材前後都有一大一小的孔。

③ 完成圖。

STEP 2

接著要在所有的木片上以直立式砂磨機磨出凹槽，方便引導彈珠滑動時跟著階梯的結構呈現旋轉降落的方式。引道能夠有效的限制彈珠旋轉的位置，讓彈珠較不容易因滾動的速度而卡在樓梯上。

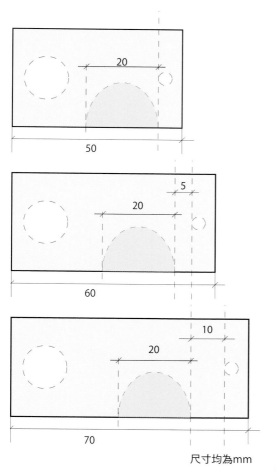

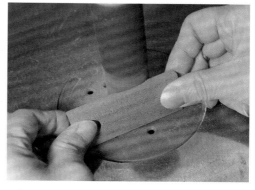

② 按照圖中的方式，將木板輕輕的靠向直立式砂磨機的滾輪。切記砂磨機在開啟的狀態下手絕對要穩穩地抓著木板。使用時不需要用力地將木板推向砂磨機，只需要輕輕的靠著，砂磨機自然就會磨出凹槽。

③ 研磨引導時將木板如圖般斜斜倚靠砂磨機，讓邊緣比中心要薄。

尺寸均為mm

① 凹槽的位置與尺寸不需要很精密，只需要能夠有效的引導彈珠，因此可以邊作邊修。圖中選了三種尺寸的板子來示意凹槽位置，凹槽位置僅是參考，製作時會依照彈珠滾動的軌跡而作修改。

4 砂磨後應如圖般中心厚，越靠外側越薄。21片木板均需要以砂磨機磨出引道。如備料表裁切一支直徑12mm長度180mm的圓棒。

5 將所有木板套在圓棒上，有引道的那面都朝上，成品應如圖。

6 裁切21支長25mm直徑4mm的圓棒備用。

STEP 3

使用車床車製旋轉梯的底座，此處介紹一種節省木料的方法，以夾板或廢木黏貼製作夾頭圓榫，如此可免除將厚料車薄所造成的浪費。

1 底座部分：先備一塊150mm×150mm厚25mm的板料。找出板料的中心並畫出直徑150mm的圓。先以帶鋸機大致的切出一個圓。再找一塊厚度約10mm的板料（夾板或實木都可，主要是要均厚且平整）。以帶鋸切出一個直徑約45mm的圓。兩塊板料以同心圓的方式以木工膠黏合，並使用快速夾（或F夾）固定。

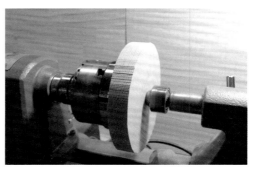

2 待木工膠乾了，便可以車床夾頭將木板固定在車床上。

③ 以碗鑿或刮鑿將木板的邊緣修平整，使其呈現出一個有平滑邊緣的圓餅形狀的底座。

④ 取車床用鑽尾，安裝上12mm的鑽頭，並在底座中心鑽一個深20mm的圓孔（注意底座的木頭厚度只有25mm，小心不要將底座鑽透。若是沒有把握可在鑽頭尖端往內20mm處貼上一圈膠帶作記號。）

⑤ 以鉛筆畫出需要挖除的區域，距離中心12mm的榫孔約留5mm的厚度，外圈則留約10mm。

⑥ 先以分鑿刻出需要挖除的範圍界線，往後的挖除處理均會限制在這個範圍內。

⑦ 根據界線挖出一個圈形的凹槽。凹槽深度要能夠讓彈珠即使是底座被蓋住的情況下，依然能夠在凹槽內滾動自如，因此深度約需18mm。但注意不要將底座車破。底座凹槽挖除完成後，以分鑿或斜鑿將底座與夾頭切除分離（若沒把握也可以斜鑿劃線後，以鋸子切除）。

⑧ 取上頂造型的木料，將其車圓夾在夾頭上。將另一端鑽一個直徑12mm，深度約5mm的孔（用來作旋轉溜滑梯中心圓棒的榫孔）。

9 任意製作上頂造型，圖中造型僅為示範，可依個人喜好而作不同造型。若不想作也可完全不作上頂造型。上頂造型僅為裝飾用。

STEP 4

上述步驟所有零件均製作完成後，建議先在未膠合的情況下組裝所有零件，並且以彈珠試著跑一遍。若是彈珠運行順暢則可進入膠合步驟。若運行不順再依情況而作修改。

1 機構沒問題後，我們則進入膠合步驟。首先將圓棒上膠黏在底座的圓榫上。將多餘的木工膠用衛生紙或牙籤等輔助品去除。

2 在木工膠未乾之前切記一定要確定圓棒與底座成90度直角黏合，可以直角尺確認。

3 將所有木板尾端都粘上1根4mm的圓棒，如圖。將多餘的木工膠去除。

4 將木片一片一片由下到上套入中心圓棒，最長的木片最先套入（在最底端）。依照顏色陸續套入，並依序遞減木片的長度。

5 例如先套入70mm的胡桃木，再套入70mm的桃花心，再套入70mm的白梣木（此步驟×2，因為70mm的木板每種木種有兩片），然後再套入65mm的胡桃，65mm的桃花心木，65mm的白梣木。然後60mm的胡桃木，60mm的桃花心木，60mm的白梣木，以此類推陸續堆疊至頂端。旋轉的幅度則是以上一片撞到下一片的圓棒為旋徑。

6 每次套入時記得上一點木工膠讓板材固定。

7 最後將上頂裝飾黏在中心軸上，下降機構的旋轉溜滑梯則大功告成！

上升機構
步步高升

　　「步步高升」是一座只有上升的機構玩具。名副其實，在玩家每次轉動把手一圈後都將彈珠推上比剛剛更上一層的階梯，每上升一階則從左換到右或從右換至左，反覆來回直至將彈珠推到最高處。這個機構乍看之下很簡單，但實際作起來卻很考驗手藝。那我們就快來製作看看吧！

難易度：★★　　　　　　　　　　　　　　　　　完成尺寸：長16×寬18×高22cm

材　料

用　途	長 × 寬 × 高
底座	160 mm×180 mm×12 mm
轉軸	105 mm×45 mm×12 mm 5 mm 圓棒×140 mm 6 mm 圓棒×50 mm 8 mm 圓棒×120 mm 56 mm 圓棒×7 mm 55 mm×14 mm×14 mm 110 mm×12 mm×10 mm
支撐柱	7 mm×12 mm×285 mm 10 mm×12 mm×325 mm 12 mm×12 mm×220 mm
插榫	20 mm×200 mm×5 mm 3 mm 圓棒×500 mm

用　途	長 × 寬 × 高
搖桿	160 mm×15 mm×5 mm 8 mm 圓棒×45 mm 37 mm×18 mm×12 mm 20 mm×16 mm×5 mm 100 mm×12 mm×7 mm 75 mm×12 mm×7 mm
階梯	180 mm×22 mm×16 mm 350 mm×24 mm×1 mm 3 mm 圓棒×100 mm 5 mm 圓棒×400 mm

───── 上列為備料尺寸。備料尺寸指材料所需之總和，非完成尺寸。 ─────

步驟解構

STEP 1 ❶ — ⓰   **STEP 3** ❶ — ⓾

STEP 2 ❶ — ⓱   **STEP 4** ❶ — ⓭

● 上升機構初體驗 ●

完成了下降機構,以下來試看看作上升機構吧!上升機構所需要的零件較多,而且尺寸較繁雜 。在這次「步步高升」的機構當中,沒有什麼很難製作或是過於繁雜的零件,但是組裝時每個零件尺寸都需要精密的吻合才能夠使其運作。因此製作零件時請務必小心謹慎地確認尺寸。

STEP 1

取160mm×180mm,厚15mm的板料製作底板基座,依標示位置鑿出榫孔,並完成階梯板及支撐柱零組件。

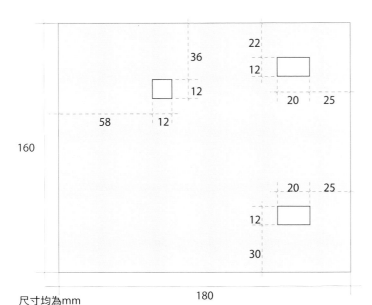

尺寸均為mm

① 首先依照圖中尺寸在底板上標示出3個榫孔的位置。

② 在鑽床上裝上10mm的鑽頭,深度設定為10mm。由於木板是15mm厚,所以鑽頭不會鑽穿底板。

③ 先以鑽頭去除部分榫孔廢料能夠縮短修榫時間的同時還能夠預先設好深度,這樣修榫的時候較不需要反覆確認深度。

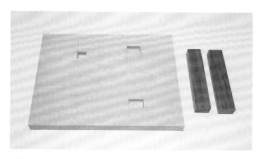

4 榫孔完成後應如圖,並準備兩片105mm×20mm厚12mm的木條備用。可選用與底板不同顏色的木種作搭配。

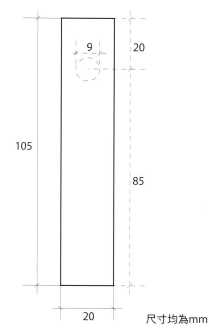

9
20
105
85
20
尺寸均為mm

5 依照圖中的尺寸在木條上鑽一個9mm的孔,兩根木條皆是。

6 完成品。這是整座機構旋轉軸的支架。

7 裁切4塊40mm×22mm 厚16mm的小木塊,另外再裁切8片40mm×24mm厚1mm的小木片。木片因為很薄,以T形尺會不好畫線,可找平整的木頭墊在下面,將木片墊高方便畫線。切記墊高的木頭要比木片短才不會頂到T形尺,影響畫線準確性。

8 小木塊與木片準備好後如圖。一個木塊會配兩片木片。

9 將木片與木塊以木工膠黏合在一起,注意一邊是平的,另一邊要凸出來。將四個木塊均依此方式黏合,即完成所有階梯。

10 黏合階梯時可以虎鉗或快速架等夾具固定。

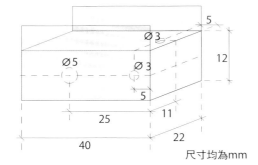

尺寸均為mm

11 依照圖中標示畫出需鑽孔的位置。

12 標示完成後就可以上鑽床鑽孔了。階梯兩側的木片非常薄，可先以同樣或小於木塊寬度（22mm）的墊片插入懸空的木片用來讓虎鉗固定，同時不會損壞木片。切記塞入的墊片厚度要比木片懸空的長度要多。

13 鑽孔完畢後，以砂紙將底部研磨平整。

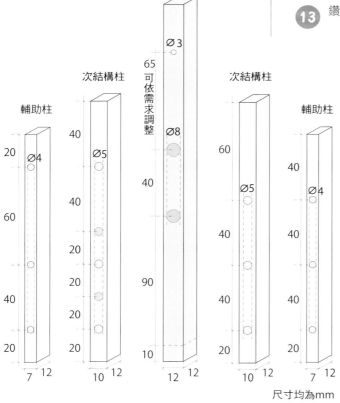

尺寸均為mm

14 階梯完成後就要開始作支撐柱的零件了。支撐柱總共有5根，尺寸分別為：7mm寬140mm長的兩根，10mm寬160mm長的兩根，以及12mm寬220mm長的1根，每根均12mm厚。

15 依尺寸表將要鑽孔之處標示出來，白色的圓孔代表鑽透木頭，有顏色的圓孔代表不要將木頭鑽透，鑽約5至8mm即可。鑽這些圓樁的時候要記得先設定鑽床的高度，以防鑽穿。

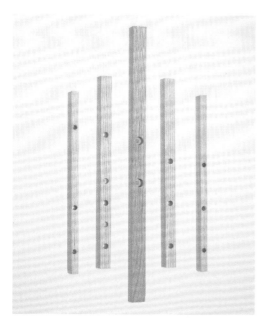

16 鑽孔後五根支柱的圓樁應如圖。注意圖中中央最粗的支撐柱並沒有打上3mm的孔洞，這是為了到時候試運行機構時，可視結構運轉的需要來調整所需高度。

STEP 2

製作階梯搖桿並組裝，另固定旋轉軸支架，因為此步驟零件尺寸較小，請耐心完成。

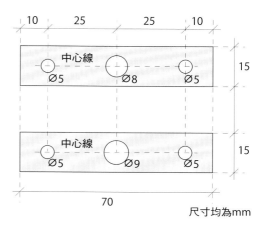

1 取160mm×15mm厚5mm的板料來作搖桿。將搖桿尺寸依照圖中標示在木頭上。可將兩片搖桿分別標示在木片的兩端（如圖下方所標示），鑽孔完畢後再將其切開。不將木料分開而先鑽孔可以有效降低機具操作時的危險性，因操作零件越好掌握危險性也就越低。

2 依照畫好的尺寸將搖桿鑽孔。注意兩根搖桿中心的圓孔直徑並不相同，一根是8mm的圓孔，另一根是9mm的圓孔。

3 搖桿鑽好後，取1根8mm的圓棒並且插入主結構柱中，後再將搖桿中8mm鑽孔套入同一根圓棒。以鉛筆在搖桿與圓棒交界處畫出記號（如圖中黃色線條）。

4 以虎鉗將圓棒夾住。鑽床用虎鉗通常會有一個專門夾棍狀形木條之處，如圖中所指的凹槽，將作好標記的圓棒夾在此處。並給鑽頭留可鑽透圓棒的同時不會損傷圓棒的位置。

5 依照標記出的位置鑽透木條。這個步驟有兩個要點，其一是要非常緩慢地鑽，

避免鑽穿圓棒時造成撕裂；其二是切記要鑽記號的哪一個方向。如圖中所示，要保留的長度為藍色畫線的位置，因此鑽孔要鑽在標示的右側，才能保留標記出的圓棒完整長度。圖中鑽頭的位置標示在圓棒上的線非鑽孔的圓心，而是與鑽孔正切。

6 鑽孔後應如圖，在8mm的圓棒上有一個3mm榫孔。以上部分重複兩次讓主結構柱上的兩個圓榫孔皆有圓棒。將圓棒插入主結構柱上並套入搖桿，插入一根長20mm的直徑3mm圓棒，測試搖桿是否能以8mm圓棒為中心轉動自如，若無問題則可將兩段8mm圓棒分別與主結構柱膠合。

7 如之前的結構柱尺寸圖，次結構柱上有兩個圓榫但是沒有穿透。與之前一樣的方式，插入5mm圓棒並且測量所需高度，在5mm圓棒上作出3mm的榫孔。

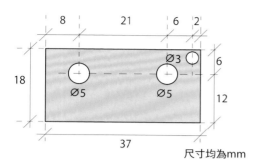

8 取一塊37mm×18mm厚12mm的木塊並依照尺寸在鑽床上鑽出3個孔，2個5mm孔，1個3mm孔。

9 完成品，此後稱此木塊為輔助片。

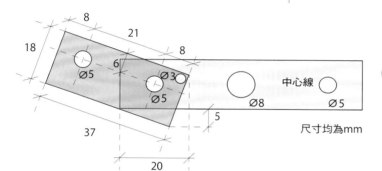

尺寸均為mm

10 取中心圓榫8mm的搖桿，將輔助片靠近3mm圓孔的5mm圓孔與搖桿左側的圓孔重疊並依圖中所示尺寸與搖桿黏合。

11 輔助片需足12mm厚，若木塊不夠厚，可以拼接的方式增高木塊高度。

13 完成圖應如圖，較厚處為12mm，較薄處為8mm。依照之前的尺寸圖將輔助片與搖桿以木工膠黏合。

12 切記與搖桿相連的榫孔木料較薄，另一個圓孔厚度較大。先以長條形的木棍黏合後鑽孔，再將多餘的材料切除。

14 對照圖中方式將主結構柱與搖桿組合起來。輔助片上的3mm圓孔可插入1根長42mm的3mm圓棒。

15 將樓梯組件，次搖桿重疊並插入5mm圓棒。依P.36步驟 **4** 打圓榫的方式在圓棒上鑽出圓榫。

16 注意右邊2個5mm圓孔要多套入搖桿，左邊則無須套入搖桿，直接接次結構柱即可。

17 如圖所示，將現有零件依序組裝，並以打榫孔的方式在5mm圓棒上均鑽榫孔，限制每個零件擺動的幅度。將長20mm的3mm圓棒依序插入鑽好的圓孔內。

STEP 3

繼續加油！製作固定插銷及測試擺幅機制。

1 試組裝完成後將零件拆開，將5mm圓棒形成的樓梯旋轉軸與樓梯黏合。黏合時注意圓棒中的圓榫孔高度，因左邊不用算搖桿的厚度進去，但右邊需要，因此不能黏錯。

2 5mm圓棒（旋轉軸）與階梯黏合後，以金工銼刀將旋轉軸與次結構柱的接觸面削薄，幫助旋轉軸在次結構柱中能夠轉動自如。

3 在20mm×200mm 厚5mm的這塊板料兩端等分出兩個方塊，並在方塊中央打1個3mm的圓孔。將方塊與木料切開。

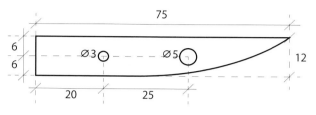

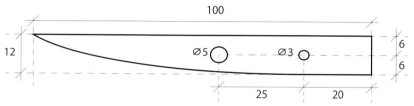

尺寸均為 mm

④ 成品應如圖，兩端各兩個共4個帶著榫孔的小方塊。重複以上步驟直至有8個小方塊成品。

⑤ 取100mm×12mm×7mm與75mm×12mm×7mm 的2塊木料，如圖將木料鑽出榫孔。圖中75mm長的木料5mm孔不要鑽透。

⑦ 3mm圓棒沿著小方塊表面切齊，取出後將小方塊與3mm圓棒膠合。膠合後再組合回去。此刻整座機構的雛形應該完成了。

⑥ 所有零件如圖組裝。3mm圓棒插入樓梯後套入輔助柱，最後再套入帶圓榫孔的小方塊。

⑧ 零件的曲線部分可以直立式砂磨機將多餘的木料磨除。

9 手拉動機構的時候會發現若不限制擺動幅度，樓梯後端會垂下過多，承接的樓梯會反比導出的樓梯要高，導致彈珠無法順利接力。

10 在圖中位置畫上標記，並鑽孔插入3mm圓棒限制樓梯下垂幅度。完成部件如圖。

STEP 4

製作轉軸零件，並試組裝。

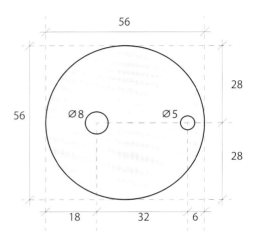

尺寸均為 mm

1 取56mm的圓棒並裁切出厚7mm的一個圓片，並將圓片打孔。

2 將直徑8 mm，長120mm的圓棒插入圓片的8mm榫孔中。把圓片固定在車床虎鉗上，使圓棒稍微凸出圓片一點點。設定3mm鑽頭深度，此時3mm圓棒的作用便是插銷。要讓鑽頭穿過圓棒重新鑽入圓片中，插銷才能夠有力地固定圓片與圓棒的位置。盡量讓3mm鑽頭鑽出的孔保持在8mm圓棒中央。

3 鑽孔後在8mm圓棒與圓片上各自畫上標記,方便拆除後重新安裝。

4 完成後將3mm圓棒插入孔洞,確保圓棒能夠順利地插入,試著旋轉8mm圓棒,若在沒有膠合的情況下無法旋轉,插銷便順利完成。

5 另一個5mm的圓孔一樣使用直徑5mm長25mm的圓棒以相反方向比照辦理,如圖。

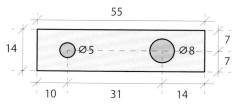

尺寸均為 mm

6 準備一塊55mm×14mm厚14mm的木塊,如圖在上面標示並鑽孔。鑽孔分別從兩側鑽入(先鑽5mm孔,翻面再鑽8mm孔,兩個圓孔都不要鑽透)。

7 將榫孔分別插入8mm的轉軸(與圓片連接的同一根的另一端),5mm榫孔則插入一根長70mm直徑5mm的圓棒,此圓棒會成為帶動整個機構的把手。圖中兩個箭頭分別標示出8mm圓榫與5mm圓榫的位置。

8 仿照之前在圓棒上作插銷的方式在木柄上也作插銷固定圓棒。有圓棒之處若情況許可,均需要作插銷,因為當玩具轉動久了會容易脫膠,插銷則可確保在脫膠的情況下轉軸也不會空轉。

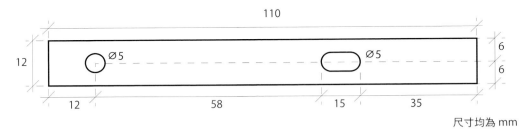

110

12

Ø5   Ø5   6
                                          6

12   58   15   35

尺寸均為 mm

9 取110mm×12mm 厚10mm的木料依照圖中畫尺寸鑽孔。此為帶動軸。

10 如圖將帶動軸5mm的圓孔套入圓片的5mm圓棒中,另一個長條形圓孔則套入搖桿上輔助片的5mm圓棒內。在圖中圓棒與帶動軸交接之處畫上記號,並以鑽床虎鉗及鑽床鑽出插銷用3mm圓孔。轉動軸兩邊的圓孔皆須3mm的插銷孔。

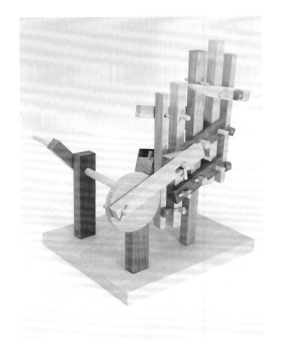

11 將所有零件安裝完畢。試著轉動把手看能否帶動彈珠,依照需求修整零件。若無問題則可進行最後的膠合。

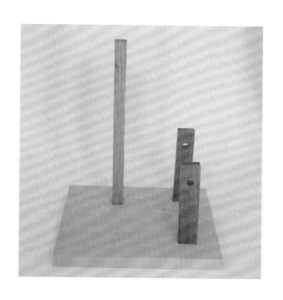

12 將主結構柱以及旋轉軸支架固定在底座上。此玩具結構中只有這三塊木料是與底座相連的，其餘零件皆可拆換修正，確保日後若零件有所磨損可方便製作新的替換。

13 整座上升玩具製作完成！

一升一降
鯨魚吐珠

凸輪機構是玩具中常運用的動作機構，這個作品主要是利用偏心輪（也稱凸輪）旋轉時的升降變化，帶動階梯板動件所形成的往復運動，讓彈珠能從下往上方移動，並設計鯨魚造型側板，就形成了鯨魚吐珠的景象。手動玩具雖然沒有動力裝置，也不需要複雜的傳動機構，但只要設計主題具創意巧思，就能展現出動態的獨特效果。

難易度：★★　　　　　　　　　　　　　　　　　　　完成尺寸：長15×寬15×高20cm

材　料

用　途	長 × 寬 × 高
底座	150 mm × 150 mm × 15 mm
側板	180 mm × 50 mm × 12 mm 150 mm × 50 mm × 12 mm
階梯	40 mm × 50 mm × 14 mm 50 mm × 50 mm × 14 mm 60 mm × 50 mm × 14 mm 70 mm × 50 mm × 14 mm 80 mm × 50 mm × 14 mm 90 mm × 50 mm × 14 mm 100 mm × 50 mm × 14 mm
造型版 （波浪形）	130 mm × 100 mm × 8 mm
造型版 （鯨魚）	150 mm × 90 mm × 8 mm

用　途	長 × 寬 × 高
滑梯	底板7 mm × 12 mm × 140 mm × 2 波浪測版150 mm × 20 mm × 2 mm 擋塊12 mm × 12 mm × 220 mm
凸輪	直徑42 mm圓片 × 140 mm
把手	50 mm × 20 mm × 12 mm
軸擋塊	直徑20 mm × 12 mm
圓棒	軸8 mm × 200 mm 把手6 mm × 50 mm 側板榫3 mm × 100 mm

———— 上列為備料尺寸。備料尺寸指材料所需之總和，非完成尺寸。————

步驟解構

STEP 1	① — ⑰	STEP 3	① — ⑪
STEP 2	① — ⑩	STEP 4	① — ⑰

• 可上下運作的機構玩具 •

完成了一台下降機構，一台上升機構，現在我們要來作一升一降的結構了。機構若能一升一降，則表示可以循環運作。此次我們要作的上升是一系列凸輪作為傳動的鯨魚造型結構。下降方面以波浪造型為側板，在上升機構旁製作一個滑道，讓彈珠能夠一上一下周而復始的轉動。

STEP 1

製作固定底板，裁切圓棒製作凸輪，依序完成上升機構。

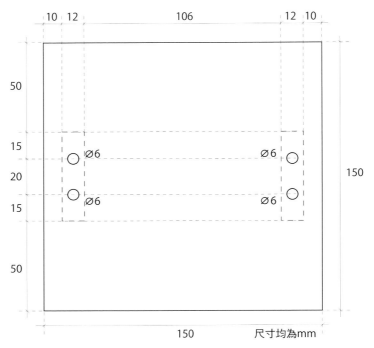

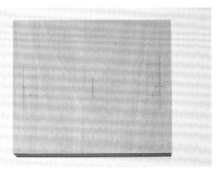

1 首先取製作底板的材料，在底板上畫出圖中虛線的兩個長方體。標示出6mm直徑榫孔的位置。

2 標示後底座應如圖。

③ 以6mm鑽頭在標示處鑽深10mm的榫孔。

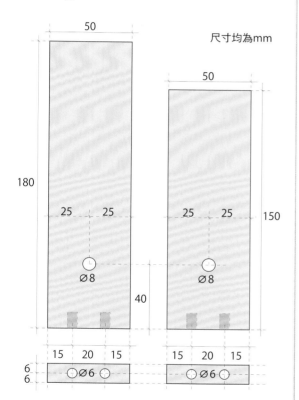

尺寸均為mm

④ 取兩塊作為側板的木板，如圖標示出8mm圓孔的位置。圖中下面的兩個長方形為側板底端的標示尺寸。此為圓榫，膠合側板時以增加穩固性。

⑤ 將側板木料垂直夾在鑽床虎鉗上，底部朝上。根據標示處在側板底端鑽兩個6mm的圓榫孔。取4根長20mm直徑6mm的圓棒將側板與底板固定（先不要上木工膠），放置一旁備用。

⑥ 取1根直徑42mm的圓棍，標示出14mm的位置，以固定夾固定在圓鋸推板上。夾緊，圓棍不像一般的木材是平面，要避免圓棍在裁切的過程中滾動。

⑦ 沿著標示的14mm裁切，總共裁7片厚度14mm直徑42mm的圓片，這些圓片將作為凸輪使用。

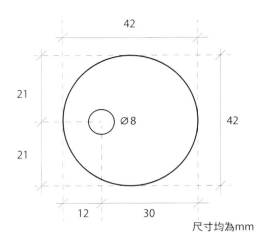

42

21

21

Ø8

42

12   30

尺寸均為mm

8 根據圖中尺寸在凸輪上鑽孔。

9 可以廢紙剪出模板，則不需要每個凸輪個別測量。

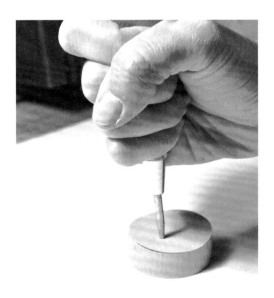

10 可配合模板使用中心沖，鑽孔時可有依據也會較為精準且節省時間。

11 將凸輪平放在鑽床虎鉗上，記得在凸輪下方墊一塊比凸輪稍窄的木頭作為鑽孔廢料，根據中心沖標出的位置鑽孔。

12 7個凸輪均要鑽孔，鑽好後放置一旁備用。

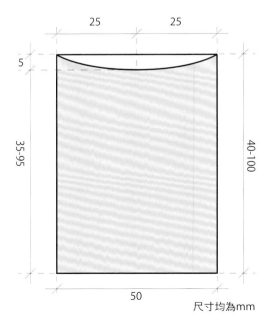

25   25

5

35-95

40-100

50

尺寸均為mm

13 在所有階梯板料上端皆如圖標示出曲線。

14 只需在板料的一面標示曲線。如圖，將7片階梯都畫好曲線。

15 將畫有曲線的那一面朝上，靠向直立式砂磨機，以約30度角砂磨至曲線處。

16 以直立式砂磨機研磨完畢後，階梯頂端應呈現弧狀形凹陷，最低處為上端算下來5mm的中心點。這是為了確保彈珠到時候都會匯集在同一個點上。

17 將6片階梯均按照以上方式磨出弧度，唯有第7片，長100mm的階梯研磨方式不太一樣。第7片由於要讓彈珠從側邊滾出，因此側邊才會是最低點，可先與其餘6片研磨方式相同，組裝後在依所需修改。

STEP 2

製作造型側板，本作品兩側採不同設計，目的在固定階梯木片左右兩側，使其上下擺動時能保持穩定規律，側板造型及高度，可自由變化，只要確保彈珠不會輕易從兩側彈出即可。

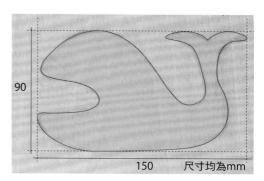

90

150　尺寸均為mm

1 按照圖中尺寸畫出鯨魚的圖樣。

② 以帶鋸機或線鋸機裁切出鯨魚的圖樣。

③ 以直立式砂磨機將鯨魚邊緣磨平至滑順。

④ 取波浪形側板板材130mm×100mm
厚8mm，在上端隨意鑽孔使其成為波
浪形。

⑤ 若有零碎尺寸的木料，請依圖中的方式
先鑽孔後裁切。鑽孔時多餘的材料方便
使用夾具來固定。

⑥ 完成鑽孔後，木料上端應呈現海波浪形
狀。以帶鋸將剩餘廢料切除。

⑦ 另製作滑梯波浪側板，在150mm×20mm
厚2mm的木料上畫出標記線，並適當標
註圓心位置。

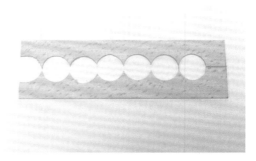

⑧ 在鑽床上以鑽頭（可以不同直徑的鑽頭
讓海浪更顯活潑）鑽出波浪形的木片，
放置備用。

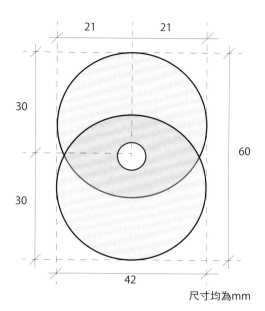

21　21

30

30

60

42

尺寸均為mm

9 如圖以上下交錯的方式將凸輪安裝在直徑8mm長度200mm的轉軸上。

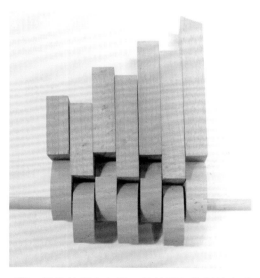

10 組裝結果應如圖。凸輪要與階梯等寬或是稍微窄一點點。注意圖中最後最高的階梯側面與其他階梯皆不相同，因為彈珠要從最後一個階梯的側邊出，因此這截階梯的最低處在側邊而不是在中間。

STEP 3

依序組裝上升機構零組件，並測試調整，確認彈珠可以在軌道上流暢運動。

1 將帶有凸輪的8 mm轉軸兩端分別插入側板的兩個8mm孔中，試著轉一轉，若不能輕鬆轉動則稍微以銼刀將轉軸與側板交接處銼的薄一點。完成後將帶著凸輪的側板插入底板的榫孔中。

2 以熱熔膠將波浪造形擋板固定在側板上。

3 鯨魚擋板也一樣以熱熔槍固定在側板上。

4 將階梯一片一片放入鯨魚與波浪擋板中間。擋板的波浪越高，階梯越高，注意放置時凹槽要面向高的階梯。

5 試著轉動凸輪轉軸傳送彈珠，根據實際運作結果進行修整。為確保彈珠能夠順利地輸出，以銼刀調整波浪擋板的高度及弧度。

6 階梯起始的波浪造形擋板可能也需要作微調，以便彈珠能夠輕易地進入階梯。

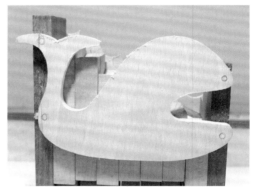

7 標示出鯨魚擋板與側板相疊的部分，在鯨魚擋板上畫出3mm圓榫的中心，要有兩上兩下四個圓榫接合鯨魚擋板與側板。

8 在鑽床上設定5mm的深度並在鯨魚擋板上鑽孔。

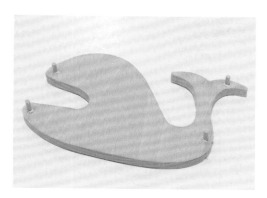

9 取4根長10mm直徑3mm的圓棒,將圓棒插入鯨魚擋板的圓榫內膠合。

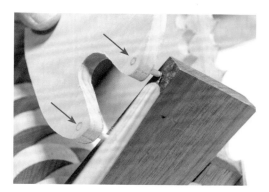

10 在側板上標示相應的圓榫的位置 。

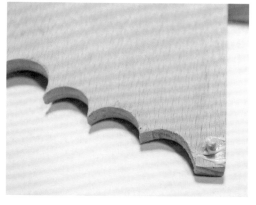

11 同樣在波浪擋板與側板相疊的部分標示出4個圓榫的位置,在波浪造型擋板上打孔、插榫。以插了榫的波浪形擋板標示出側板上對應的圓榫孔。

STEP 4

製作下降滑梯及轉軸把手,膠合各零件組件後完成。

1 分別裁切滑梯擋塊及滑梯的木材。 以熱熔膠將波浪側板、滑梯及擋塊暫時膠合在結構上,如下圖。

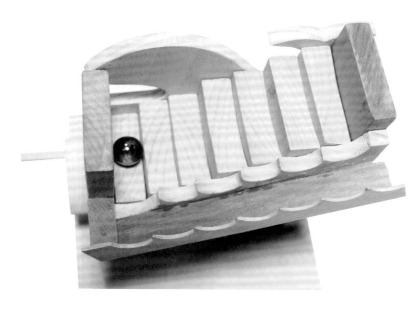

② 標示出擋塊與側板的位置，畫出3mm
圓榫的相應位置並在擋塊上鑽一個深
5mm直徑3mm的榫孔。插入長10mm
直徑3mm的圓棒作為圓榫。

③ 將所有零件拆除，根據剛剛畫好的位置
在側板兩面鑽圓榫的孔，一面4個共9個
（含擋塊1個、鯨魚擋板4個、波浪擋板
4個）直徑3mm深5mm的榫孔。

④ 在一塊廢料上畫出橢圓形的把手，
約50mm×20mm厚12mm，把手上
鑽一個8mm的圓孔；一個6mm的圓
孔。8mm圓孔打穿，6mm圓孔則深
10mm。將凸輪轉軸插入8mm圓孔
中，以鑽床鑽一個穿榫固定把手與凸輪
轉軸。另外再作一個插榫固定把手與
6mm圓棒。

⑤ 取一塊木料畫上直徑20mm的圓。在
圓的中央打孔8mm，將多餘的木料切
除。組裝確認後，膠合於8mm轉軸圓
棒的尾端，確保之後圓棒可在左右側板
範圍內轉動。

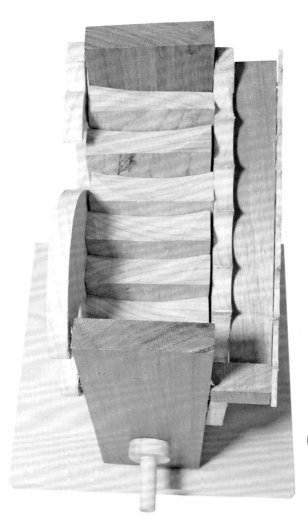

⑥ 將所有零件組合起來並以6mm圓棒轉
動把手，若彈珠能夠順利的在階梯內循
環一上一下則沒有問題，進行正式組
裝！

⑦ 所有零件拆除完畢後，側板底端與圓榫
上木工膠，將凸輪轉軸插入側板圓孔
內。兩邊側板分別插入榫孔內。

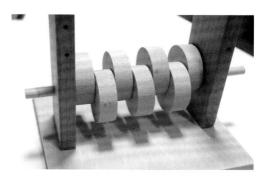

⑧ 膠合後注意看側板旁的孔洞位置，依照
圓榫孔的位置將鯨魚擋板及波浪擋板膠
合。

9 依序將所有階梯放入鯨魚與波浪擋板中間。

10 以木工膠把滑道黏在波浪形擋板上,將滑道檔塊的圓榫塗滿木工膠並插入側板的圓榫膠合。

11 取幾塊與滑道寬度相等厚度的木塊作墊片,將滑道與擋板夾起,固定膠合,待乾。

12 在滑道側面塗上木工膠並黏上波浪型的滑梯側板。

13 將3mm圓棒的穿榫上木工膠後插入轉軸凸輪與把手固定。

14 將多出來的3mm穿榫以細工鋸切除。

15 將多餘凸出來的8mm凸輪轉軸用細工鋸切除。

16 取一塊長50mm直徑6mm的圓棒上膠插入把手6mm的榫孔內。把手將成為整座機構的轉動軸心。

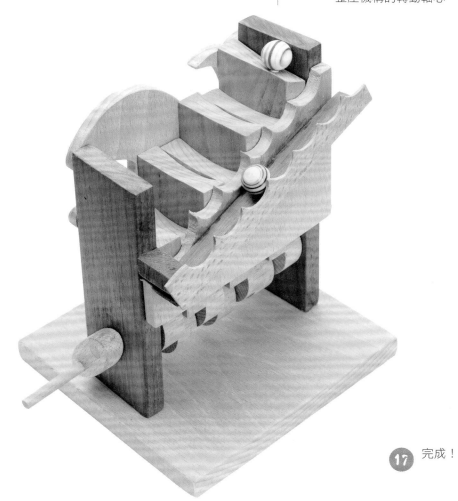

17 完成！

夢中天輪

圓盤式的摩天輪非常適合運用在彈珠機構玩具上，不需要複雜的傳動機制，只要掌握重力原則，利用高低落差，將彈珠從高處引導到低處，再加上設計巧思，就能展現動態玩具的獨特效果。這是一座出現在森林裡的摩天輪，彈珠就如同精靈般穿梭在林葉間，或上或下，好不熱鬧！

難易度：★★★   完成尺寸：長20×寬20×高20cm

材 料

用 途	長 × 寬 × 高		用 途	長 × 寬 × 高
摩天輪	170 mm×170 mm×15 mm 270 mm×55 mm×15 mm 17 mm 圓棒×100 mm		薄片柵欄	450 mm×15 mm×2 mm（淺色木） 450 mm×15 mm×2 mm（淺色木）
木片樹	350 mm×40 mm×10 mm 120 mm×30 mm×7 mm 120 mm×30 mm×7 mm 120 mm×30 mm×7 mm 120 mm×30 mm×7 mm	各不同木材	曲柄轉軸	65 mm×25 mm×12 mm 8 mm圓棒×40 3 mm圓棒×40
			葉子擋片 樹木擋片	120 mm×120 mm×5 mm 200 mm×90 mm×7 mm
空橋滑道	110 mm×70 mm×12 mm 60 mm×12 mm×15 mm 3 mm 圓棒×10 mm		兩個轉軸蓋	30 mm×30 mm×80 mm
滑道	80 mm×110 mm×40 mm 75 mm 圓棒×40 mm			

上列為備料尺寸。備料尺寸指材料所需之總和，非完成尺寸。

步驟解構

STEP 1　①—⑩　　STEP 3　①—⑨

STEP 2　①—⑩　　STEP 4　①—⑨

• 啟動摩天輪 •

講到摩天輪，大家一定都能想到一些具體的圖樣。沒錯！我們今天就是要用大家都熟悉的摩天輪結構作為上升機構。一改印象中只有骨架的模樣，這次我們的摩天輪將直接以圓板上鑽圓洞來完成。那就快來看看要怎麼製作這看似簡單卻頗具巧思的機構吧！

STEP 1

製作摩天輪盤及固定架。首先取材料單中170×170mm厚度15mm的木板，在木板上畫對角找中心。以圓規畫一個半徑80mm的圓，剩下的尺寸依照下圖的圓盤描圖。

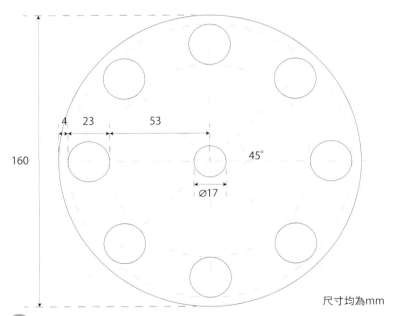

4　23　　53

160

45°

Ø17

尺寸均為mm

① 可直接將圖形放大200%影印為實際尺寸。

② 以帶鋸機裁下圓板。不用太執著要切得很準確，稍後可以圓盤式砂磨機修整邊緣。

③ 注意在砂磨機上不要在同一個區域停留太久，不然很容易產生焦痕。要持續慢慢地轉動圓盤才能將邊緣磨平。可能需要轉動數圈才能完全磨平。圓盤式砂輪機磨損木料的速度非常快，要抓好木料固定，小心不要磨過鉛筆線。

④ 依照圖形在圓板的正中央鑽一個17mm的洞。這是摩天輪的中心轉軸位置。

⑤ 取幾塊夾板製作一個能夠鑽5度孔的治具。首先將1塊約160×180厚15mm的夾板作為底座，另外切2塊高13mm的5度三角形夾板（尺寸如下圖所示），以釘槍將兩塊夾板各釘在底座兩側向中間70mm處。最後在三角形尾端釘1塊高出底座10mm的擋板。這塊擋板可固定木料，讓鑽頭在轉動的時候木塊不會輕易滑落治具。（治具未列入材料清單中）

⑥ 將圓板放置在5度治具的上方，從側面可以看到圓板會跟著治具傾斜。注意要將圓板卡在治具凸起的擋板部分，才能防止圓板鑽洞時因震動掉落。

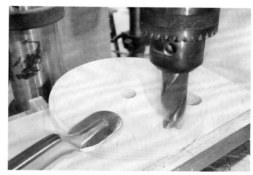

⑦ 以快速夾將圓板固定。鑽孔時注意要慢慢地往下壓，不要一鼓作氣鑽到底。要慢慢地壓一下，抬一下，再往下壓一下，如此重複直至鑽到底。為了避免鑽到底時木紋破裂，可在鑽孔前先在圓板底下墊一塊木片，但注意木片的高度不能影響到圓板鑽孔的角度，不然到時鑽出來每個孔的角度都不同。以同樣的方法依序沿著標示鑽孔，總共鑽8個5度角孔洞。盡量使用旋轉圓板的方式鑽孔（都在同一個位置鑽孔），這樣較方便操作。

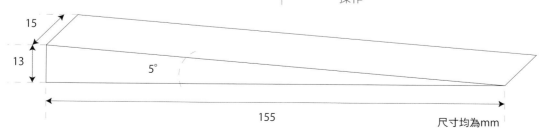

15

13

5°

155

尺寸均為mm

8 準備兩塊130×55厚15mm的深色木板，
若木頭不平可以小鋼刨將木頭表面一層
層刨平。夾的方式如上圖，以快速夾夾
住一塊低於深色木板的木塊作為擋板。

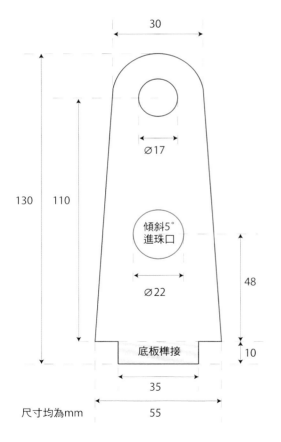

尺寸均為mm

（圖中標示）
30
Ø17
130 110
傾斜5°
進珠口
Ø22
48
底板榫接
10
35
55

9 依照上圖在表面畫出尺寸。先將外型裁
切至標示大小，將上下兩個圓圈標示出
中心（之後鑽孔用）。下端作出底板的
榫接。

10 如圖，在兩塊木板的上方均鑽一個直徑
17mm的孔，擇其中一塊木板並在其下
方鑽一個直徑22mm的孔。可先切外型
或先鑽孔，順序無所謂。這兩塊是用作
摩天輪固定架。

STEP 2

以下要製作造型擋板、曲柄及擋蓋。取一塊約
120×120mm的薄木板，在一張圖紙畫上圖
2中的圖形。這個葉子是裝飾造型同時也具實
際用途。作用是讓珠子能在適當的位置掉落滑
道，所以上半部的幾片葉子是否能夠成功阻擋
珠子掉出來就變得格外重要。外型不需要拘泥
於藤蔓葉子的形狀，只要預防珠子提早掉落即
可。若更改造型務必確認葉子能夠阻擋彈珠掉
落。將圖紙用紙膠帶穩穩地貼在薄木板上（如
圖）。

1 如圖所示，畫出葉子形。

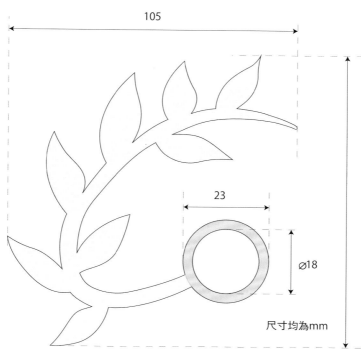

105

23

⌀18

尺寸均為mm

2　葉子的圓圈到時要固定在摩天輪前方的固定架上，但是要另外墊高，讓葉子能夠懸空在摩天輪前方。圖中葉子圓圈重疊的紅色區塊為稍後需上膠的部分。葉子將黏貼在前面的固定架上，與摩天輪稍稍隔開一些。

3　首先在薄木板上鑽1個18mm的孔。記得要先鑽孔再將葉子沿著邊緣切除，若

4　先將葉子多餘部分切除後再鑽孔會很難固定薄木板。無法固定木板會使得鑽孔時危險性跟著提高。切除完畢後，可以金工銼刀將邊緣修整至平滑。因為葉子為環形，所以會有木紋走短邊的現象，這種時候使用銼刀時切勿太用力以免葉子沿著木紋走向斷裂。

5 利用葉子阻擋彈珠從摩天輪前方掉落之後，我們要來製作阻擋彈珠從後方掉出的零件。首先取一塊能擋住摩天輪彈珠孔的木板，畫上自己喜歡的造型（注意造型要能夠阻擋旋轉中摩天輪的彈珠，防止他掉落）。圖中示範為樹木的造型。尺寸為200mm×90mm×7mm。

6 以帶鋸機將木板沿著鉛筆線切除，留下樹木的造型。

7 取一塊寬約25mm的長條型木頭作曲柄，畫出中心線，如圖畫出類似水滴

型的形狀。在中心線上標示出鑽孔的位置。寬的那端鑽17mm（要穿透）的孔。窄的那端則鑽8mm（不要穿透）的孔。長木板可提供位置給夾子固定。

8 將寬約30×30mm的一塊長條形木頭用長鼻夾爪固定，將前端50mm車至直徑25mm後，在中心鑽一個深5mm直徑17mm孔。

9 如圖以車刀車出弧狀形。剛鑽孔的洞兩邊各留約2mm的木頭，切記不要車破壁面，不然就失去阻擋蓋（防止中心軸前後搖動）的作用了。切下蘑菇形阻擋蓋。一塊長方形木頭應可作二至三個轉軸蓋。

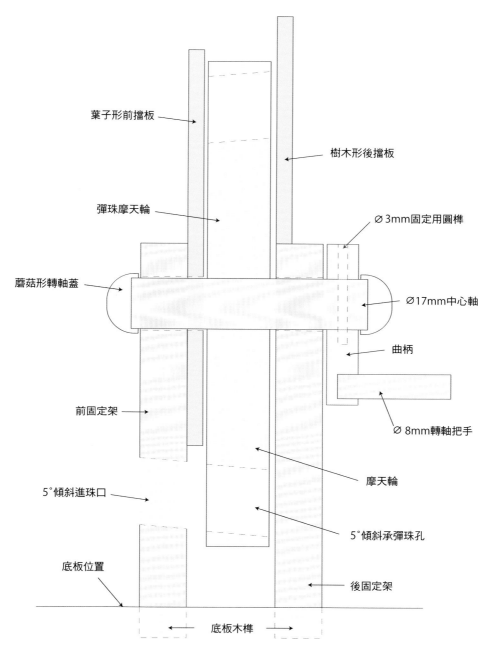

葉子形前擋板

樹木形後擋板

彈珠摩天輪

∅3mm固定用圓榫

蘑菇形轉軸蓋

∅17mm中心軸

曲柄

前固定架

∅8mm轉軸把手

摩天輪

5°傾斜進珠口

5°傾斜承彈珠孔

底板位置

後固定架

底板木榫

10 如圖將所有零件組合，注意圖中有空隙的位置均需留空位，否則會影響機構的運作。這些零件中，轉軸蓋（兩端的湖綠色零件），彈珠摩天輪主體（黃）與曲柄（天空藍）是與中心軸（橘）黏合。如圖，固定圓榫應從曲柄一端進入

並穿透中心軸後再次鑽入曲柄（如圖），固定方法請參照本書P.17。葉子擋板（綠）則單獨與前固定架黏合。轉軸把手（橘）插入曲柄較小的孔中以黏合劑固定。前、後固定架（粉）與樹木造型後擋板（綠）則需直接插入底座以木榫固定。

● 木板彈跳下降 ●

上升機構的摩天輪完成後，接著就來作下降機構的木板樹和滑道。彈珠透過摩天輪從底部被輸送上來，經過一個轉彎滑道之後落下在木片樹，帶有斜度的木板來回彈跳落下，最終將再回到摩天輪固定架的進珠口。

STEP 3

首先要來製作下降機構的主體，樹木造型木板固定架。此固定架共可放置四塊木片。每個木片均7mm厚。準備二塊165×40　厚10mm的木板，依照右邊圖的尺寸繪製圖形。

1 可依照圖中尺寸在木板上直接用角度規畫上圖形，注意木板孔的角度需依照圖中標示的角度，這樣才能夠留下足夠的空間供彈珠在木板中穿梭的同時又能有足夠的下降速度使彈珠碰撞木板時發出清脆的聲響。若覺得需要一一測量畫線太過麻煩也可以直接影印此頁，右圖與實際尺寸是1：1。

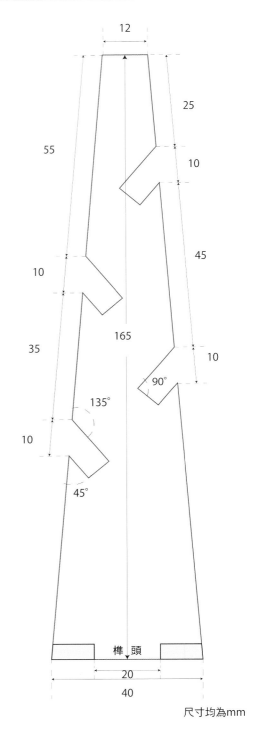

尺寸均為mm

2 樹木造型固定架尺寸圖。

③ 裁切4塊120×30厚7mm的木片，最好4塊各為不同木材，圖中從左到右分別是白梣木、胡桃木、山毛櫸、黑檀木邊材，選擇四種木材是為了讓彈珠敲擊木頭時因音頻不同而發出不同聲響，增加玩具聽覺上的趣味性。為了加大彈珠與木片撞擊時發出的共鳴，木片是直接插放在樹造型固定架的溝槽中，沒有上膠。

④ 接著我們要製作連接摩天輪與木片樹的滑道。一如阻擋彈珠掉出來的葉子擋片是懸空於摩天輪前方，滑道也是如此。滑道的一端是用來接住從摩天輪掉出來的彈珠；另一端則有一個能夠讓彈珠往下墜落的圓孔。墜落的彈珠會順著下墜的方向在木片間來回彈跳，最終再回到摩天輪下方。

⑤ 畫出滑道的軌跡後，在尾端標示出一個直徑18mm的圓並用鑽頭鑽透，作為彈珠墜落的位置。

⑥
▼
⑦ 先不要將滑道的外型鋸切出來，保留不需要的部分作為夾具固定用。以雕刻刀的丸鑿（也稱圓鑿）或是角鑿（V字形的那支）挖出滑道。如何挖滑道請參考本書P.14。

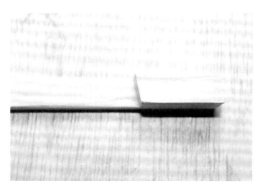

上白膠,塞入兩邊的洞中作為圓榫。圖中為步驟圖而非完成的樣子。固定架跟木片樹側邊應膠合後應密合無縫隙。因為固定架是滑道唯一的支撐點。

8 滑道刻好後,想辦法使其可以懸空固定在摩天輪前方。這片小小的零件將固定在木片樹的側面,作為固定滑道的平台讓他能夠懸空在摩天輪前方。在滑道固定架與木片樹的側邊均鑽一個3mm的孔,截一段相應長度與直徑的圓棒備用。先確認滑道在固定架上的位置,一定要讓滑道可以一端接珠子,另一端掉珠子。然後再將滑道與固定架用白膠依照剛剛測量出來的位置黏合。兩者黏好後,在圓棒的表面與固定架的側邊都塗

9 滑道安裝好後應如下圖懸空,不會接觸到摩天輪或是木片樹上面的木片。如此一來,滑道才能既不阻礙摩天輪轉動又不會擋到木片樹。試著跑一顆彈珠,確認滑道的高度不會太低而卡到下墜的彈珠,但也不能太高,否則會接不到從摩天輪裡出來的彈珠。

講講製作

STEP 4

剛剛製作完成的是連接摩天輪與木片樹的「空橋」，現在要製作的是連結兩者的「道路」。最後滑道會將從木片樹上掉下來的彈珠輸送回摩天輪，讓機構能夠周而復始的運轉。

首先要作一個能夠承接掉下來的彈珠的承接盤，形狀不一定非要圓形，但是面積要稍微大一點。這樣彈珠不管從木片樹的哪個部分掉下來都能掉進承接盤。因此承接盤不能只是筆直的滑道（面積窄很容易漏接）。承接盤的寬度最好與木片樹兩邊立柱之間的距離等寬，剛好讓承接盤卡在立柱之間。

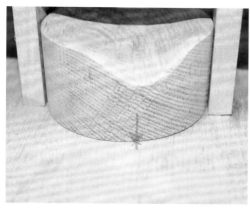

1 挖出承接盤的凹度。承接盤的斜度應該傾向中央，讓彈珠集中在中心。最後再挖一個稍微低一點的出口，統一由出口將彈珠輸送到連接的滑道。所以要特別注意承接盤與連接滑道的高度是否足夠讓彈珠順著斜度一路滑到摩天輪的進珠口。若斜度不夠容易造成彈珠在中途因動力不足而停滯。但如果承接盤太高，木片樹上最下層的木片與承接盤之間的距離會減小，容易卡住彈珠。在底座與承接盤側面各標示出盤口的位置，方便之後安裝滑道時定位。

2 根據承接盤口與摩天輪進珠口的位置畫出滑道的形狀。只要不影響彈珠的行徑軌跡與流暢度，滑道可以是任何形狀，並不局限於筆直的直線狀。

3 圖中示範的滑道為曲線。注意滑道跟承接盤的接縫處是密合的。兩者之間的縫隙太大會造成彈珠卡在縫隙中無法向前滑動，導致彈珠運行不順。同樣的，滑道與摩天輪進珠口的連接點也不能夠有太大的縫隙（大於1mm）。彈珠應保持在滑道的中間，若偶爾因衝力太大而掉出滑道也沒關係，因為馬上就要作滑道兩側的擋板，使彈珠能夠回到進珠口。

4 試運作一切正常後就可以固定滑道與承接盤了。這兩個零件是不需要以木榫固定在底座上的。因為它們的膠合面積夠大,且機構在運行時並不會像轉軸一樣,對這兩個零件施壓或不停扭轉。

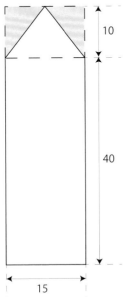

準備12片50×15厚2mm的木片,深淺兩種顏色各6片。盡量讓木紋走向與長邊平行(如上圖中的白梣木所示範)。若木紋是平行於短邊則容易因木材本身的結構性而斷裂。依照左圖的尺寸在每個木片上畫線。圖中深色的區域是稍後要去除的部分。

(左圖標示尺寸:10、40、15)

6 將木片未畫線的那端以快速夾固定。取寬約20mm的鑿刀,順著剛才畫的斜線將廢料切除。如果擔心木片會在使用鑿刀時斷裂,可改以細工鋸順著線條鋸開,但木片很小,要注意安全,千萬不要切到手。

7 依照一深一淺的方式依序將彈珠柵欄等距的排在滑道的兩側。機構玩具大致已完成,試著跑幾顆彈珠。

8 若在試運行階段發現彈珠下墜撞擊承接盤的力度很容易使彈珠彈起並由木片樹後方飛出,可以多作三個彈珠柵欄將承接盤的後方也圍住(如圖),即可改善彈珠彈飛出去的情況。最後檢查一下所有零件,除了木片樹上面的四個木片之外,所有零件應都有固定之處。與轉軸接合的地方最好都如本書P.17以一根3mm圓棒作為圓榫固定。若機構在經歷過無數次旋轉後在接合處脫膠了,還是可以靠圓榫來維持機構運行順暢。

9 雖然摩天輪固定架與底座的木榫若是作的夠密合是不需要上膠的。但為確保之後運行時完全不會晃動,還是建議給固定架上膠與底座黏合。使用白膠或木工膠均可。夢中天輪即製作完成!

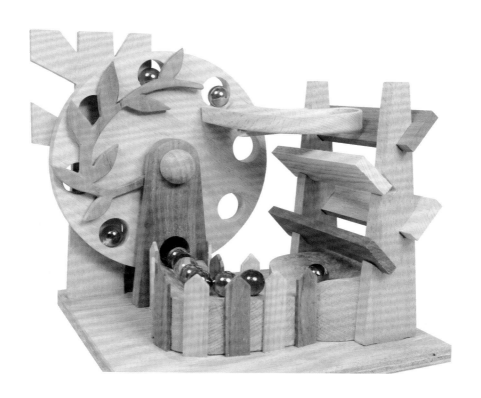

鯨舞蟹蹈

海洋生物是設計玩具的最佳素材，想像鯨魚噴水的壯觀景象，現在就動手來作一個彈珠水柱吧！上升機構利用旋轉變形齒輪，將彈珠逐一推進、堆高，在鯨魚嬉遊的場景下，彈珠形成了水柱噴泉；下降機構則用螃蟹接力的趣味方式呈現，形成一個充滿歡樂氣氛的海底世界！

難易度：★★★   完成尺寸：長20×寬20×高30cm

用 途	長 × 寬 × 高
核心機構 變形齒輪盒	70 mm×40 mm×8 mm 400 mm×70 mm×8 mm 3 mm 圓棒×30 mm 4 mm 圓棒×270 mm 6 mm 圓棒×40 mm 8 mm 圓棒×110 mm
螃蟹	20 mm×20 mm×80 mm 200 mm×100 mm×15 mm 3 mm 圓棒×90 mm 8 mm 圓棒×150 mm
珊瑚背板	30 mm×25 mm×2 mm 50 mm×45 mm×18 mm 240 mm×170 mm×12 mm
造型小魚	45 mm×30 mm×8 mm 4 mm 圓棒×20 mm

用 途	長 × 寬 × 高
連接空橋	130 mm×50 mm×10 mm 3 mm 圓棒×70 mm
上升台	10 mm 圓棒×550 mm 56 mm 圓棒×20 mm
兩隻鯨魚	200 mm×100 mm×10 mm
兩片海浪	100 mm×85 mm×2 mm
曲柄	50 mm×20 mm×10 mm
牽引道	6 mm 圓棒×350 mm
滑道	90 mm×30 mm×30 mm

───── 上列為備料尺寸。備料尺寸指材料所需之總和，非完成尺寸。 ─────

步驟解構

STEP 1	① — ⑥	STEP 5	① — ⑧
STEP 2	① — ⑩	STEP 6	① — ⑥
STEP 3	① — ⑤	STEP 7	① — ⑫
STEP 4	① — ⑤	STEP 8	① — ⑩

● 製作上升機構 ●

此機構的重點是製作驅動彈珠上升的變形齒輪旋轉盒。利用盒中的齒輪，將彈珠在設計的軌道上推進，節節上升。

STEP 1

製作齒輪旋轉盒的主體，裁切五個70×70mm厚8mm的正方形。

①　將5個正方形完全重疊並以膠帶黏貼綑綁備用，若無膠帶也可用雙面膠代替。轉至側面並依序編號木片側邊1至5號。

②　在疊起來的5片木片的兩邊選一面畫線。將T形尺定位在5mm並沿著正面的四周各畫一條線，形成一個內縮5mm的60mm正方形。

③　以正方形的斜對角為兩端畫對角線，對角線的交叉點則為正方形的中心。在正方形的中心鑽一個直徑8mm的圓孔。在鑽洞的過程中5片木片有牢牢的黏合在一起，才能確保每一片木片的孔洞都在同一個位置上。

④　在內縮的60mm正方形各角鑽一個直徑4mm的圓孔。

⑤　完成品應如圖。

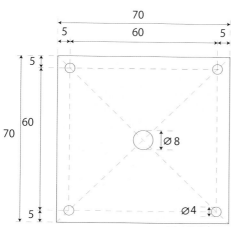

70
5 60 5
5
60
70
Ø8
5
Ø4
尺寸均為mm

6 此時編號1至5的木片都應如圖的尺寸。依此大小製作5片木片。其後發展的編號二至四木片都將以此為基礎。因此務必確認是否所有孔洞尺寸及位置都如圖中所標示的尺寸相同。

STEP 2

製作編號2至編號4的方形木片，分別裁切成需要的形狀。

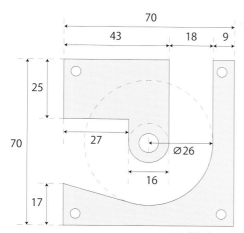

70
43 18 9
25
70
27 Ø26
16
17
尺寸均為mm

1 取一張白紙依圖繪製。

2 將編號2至4木片以膠帶綑綁。在編號2的上方黏貼步驟❶之圖繪製的尺寸圖，中心點必須精準對齊。

3 依步驟❶之圖將編號2至4的木片以帶鋸機切割。僅可裁此刀（因只有這刀是編號2至4共同的形狀。）

4 將編號3取出，並重新綑綁編號2和4。依照步驟圖❶之圖的尺寸切割出所需的部分（綠色部分）。

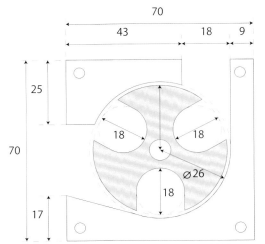

70

43   18   9

25

70

18   18

Ø26

18

17

尺寸均為mm

5 依圖繪製。此為編號3的尺寸圖。將剪下的兩片尺寸圖對照其形狀黏貼在編號3的木片上備用。

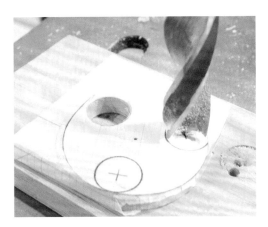

6 鑽3個等距的18mm孔洞。鑽孔時用夾具固定能有效降低危險。若擔心鑽頭容易鑽歪，可先以釘子等工具在圓心敲出一個記號，鑽頭較容易定位不易出錯。

7 按照步驟**5**圖裁切出所需形狀，作成一個變形齒輪。

8 承載彈珠的孔依照步驟**5**圖將邊角磨掉，讓彈珠能輕鬆滾進孔隙。

9 彈珠放入齒輪的孔中，要保留足夠的空隙，確認彈珠能自由的在齒輪的空洞內移動。

10 以8mm圓棒頂著齒輪,並將齒輪厚度磨至6mm(若擔心齒輪在圓棒上滑動可在圓棒與齒輪的交界點上一圈熱熔膠固定)。

STEP 3

現在來到了組合階段了,先以銼刀修整編號一至五的木片邊緣備用。

1 取一根長110mm的8mm圓棒,將齒輪片穿置在棒子中心,以虎鉗將齒輪片固定。以3mm鑽頭鑽一個垂直於圓棒並貫穿齒輪片與圓棒的圓孔。將一根塗抹了白膠的3mm圓棒塞入鑽好的洞內黏合。轉軸在機構中會被持續施力轉動運作,因此塞入垂直的3mm圓棒是為了避免脫膠導致無法運作。

2 將3 mm圓棒多出部分裁切磨平。

3 **4** 以轉輪片為中心進行組合(組合順序請參考步驟**5**之圖)。將4mm圓棒裁成四段,各長65mm。以4mm圓棒插入四角定位。轉動齒輪測試彈珠在結構裡滾動的平滑性。將除了齒輪片之外的零件膠合(齒輪需夾在膠合的零件內自由活動)。完成如圖。

5 機關組裝圖。

● 核心機構的上升台 ●

依序完成**STEP 1**至**3**之後齒輪盒就
初步完成了。不停地往齒輪盒裡
推進彈珠讓彈珠相互推擠依軌道
上升是此機構的原理，因此再來
需要一個盛裝彈珠的上升台。

STEP 4

為清楚看見彈珠推擠上升的趣味效果，利用
圓棒組成中空的高台。

Ø 56
Ø 18
120°
Ø 10

尺寸均為mm

1 從直徑56mm的圓棒裁取20mm長度，
製作上升台上蓋。或以車床製作，並依
圖在中心鑽一個18mm的圓孔。在圓孔
外圍鑽3個與其相切且等距的10mm圓
孔。

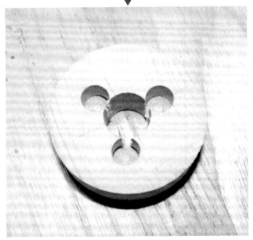

2 設定10mm鑽頭深度為12mm不要讓鑽
3 頭尖端刺穿圓板，18mm鑽頭則需貫穿
圓板。

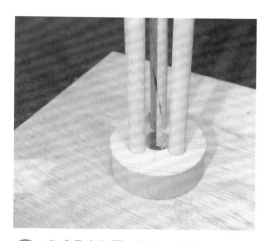

4 完成品應如圖，共有一個位於中心的大圓孔是貫穿整個圓板，周圍三個小圓孔則還留有8mm左右的厚度。直徑10mm的圓棒裁成3段，各長180mm並將其插入對應的孔中。確認圓棒能穩固地插入孔內。

5 將鑽好洞的圓板反面過來，挖一條從中間孔洞向外的彈珠滑道。滑道應是靠中心的淺，越往外越深。

STEP 5

製作膠合好的齒輪盒備用。取一塊約8mm厚的板材鑽對應**STEP 4**的三小一大孔洞。這片木板將作為齒輪盒的上蓋板，主要是來用以固定上升結構中的圓柱。

1	
2	
3	
4	
5	

1 核心機構的上蓋板應如圖，大孔需要對應核心機構出彈珠的位置才能確保機構運行順暢。另外三個小圓孔則應對應**STEP 4**步驟❸之圖中的小圓孔。

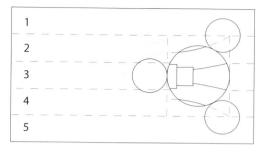

2 將齒輪盒兩面多餘的4mm圓棒鋸掉，中間的圓棒則不裁。

3 以金工銼刀或較高番數的砂紙將木板的表面磨平。

合。依照本書P.17固定曲柄與轉軸。在曲柄的另一端的反面鑽一個4mm的孔。將一段約長30mm的4mm圓棒放入孔內黏合。比照剛剛黏合轉軸時的方式鑽孔,黏合圓棒,固定後便完成轉動機構的把手組合。

4 將鑽好的木板片與核心機構膠合。鑽穿的18mm圓孔應與機構轉出彈珠的口相契合。膠合後彈珠應該要能夠順著機構自由出入。

尺寸均為mm

35

5 取材料表中用來作鯨魚的板材,在距離下端35mm的位置鑽1個8mm的圓孔作為核心機構側面裝飾板。只要不影響圓孔位置,裝飾板的形狀可任意繪之。將裝飾板與核心機構膠合。

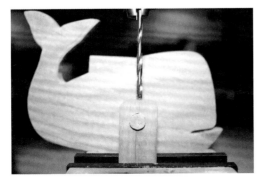

6 取曲柄的木料鑽8mm。曲柄造型可自由發揮。將曲柄與核心機構的轉軸黏

7 將STEP 1-5的所有零件組裝黏合,組合後的機構如圖。鯨魚模樣的裝飾板跟把手可自由發揮,本作品設計是以鯨魚側板為正面,彈珠由鯨魚的嘴巴進入,再從背部位置陸續上升,以形成彈珠水柱。

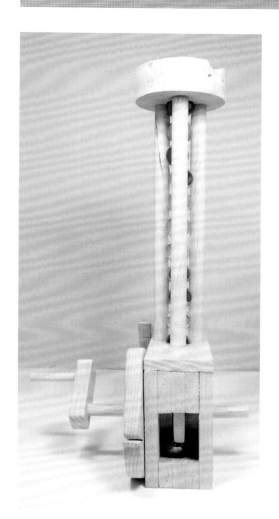

8 彈珠進入口的正面如圖所示。可手動送珠，測試齒輪運轉的流暢度。

• 製作下降機構 •

這個下降機構的重點在平衡，要讓螃蟹一個接一個接力把彈珠送下的同時還要讓螃蟹能夠彈回原位迎接下一波彈珠。

STEP 6

製作四隻有巨螯的螃蟹承接彈珠，二右二左，讓珠子順序落下。

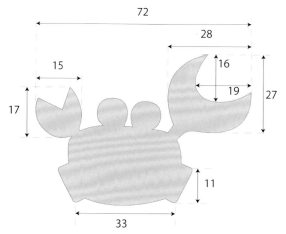

尺寸均為mm

1 取材料表中製作螃蟹的板材，如上圖在板材上先畫2隻螃蟹，然後將型板反過來再畫兩隻螃蟹，共計4隻螃蟹。注意螃蟹不要重疊，蟹與蟹之間要留有約3mm的鋸路。

2 以帶鋸機裁切出4隻螃蟹。因為事前在以型板描繪時就有鏡射,所以2隻螃蟹的螯會在左邊,另外2隻蟹的螯會在右邊,運轉時彈珠才可以Z字形的方式被螃蟹們接力往下送。雖然不用嚴格要求但儘量把螃蟹作大一些。

3 以虎鉗夾住螃蟹,所有的邊都磨平,特別是蟹螯。蟹螯需以銼刀銼出一個斜度。斜度向螃蟹眼睛的位置,如圖中箭頭所示(箭頭指向傾斜的方向)。

4 在每隻螃蟹的背面,靠近蟹螯處鑽8mm孔洞,深度10mm,請不要貫穿。取8mm圓棒截成30mm長,共4支。

5 取20mm×20mm,長度約80mm的木料,以車床製成圓棒形。製作4個孔徑8mm的蘑菇蓋,作法參考P.19。

6 在螃蟹側邊鑽一個3mm的圓孔,塞入長20mm的圓棒膠合。

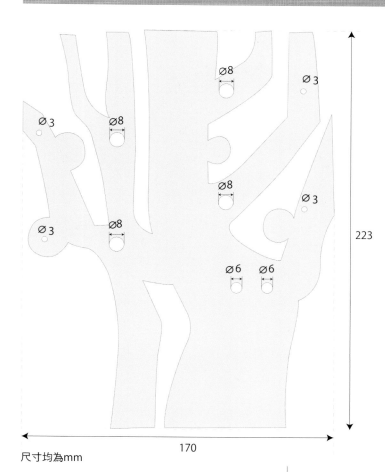

Ø8 Ø3
Ø3 Ø8
Ø8
Ø8 Ø3
Ø3 Ø8
Ø6 Ø6

223

170

尺寸均為mm

STEP 7

製作珊瑚礁背板以固定四隻螃蟹及連接的牽引道，造型可參考原圖再自由變化。

1 珊瑚背板依圖繪製。

> 珊瑚狀木板裁切好後以銼刀或砂紙磨平邊角備用。

2 取一塊240mm×170mm，厚約12mm，木板顏色較深的木種板材，將步驟**1**圖描在板材上（可使用影印機將本頁以放大

200%的比例列印則為實際尺寸）。如步驟**2**圖，以線鋸機裁切出此圖形。

3 依標示的孔徑以鑽床鑽孔至貫穿。右下Ø6的孔要鑽出斜度，可利用P.61的鑽孔治具。（如圖）

4 裁一個長約30mm的3mm圓棒。擇
一邊的尾端插入珊瑚板中。參照本書
P.18製作四個轉軸蓋並與穿過珊瑚板的
3mm圓棒黏合。這是防止小螃蟹下墜
過多的機關,限制小螃蟹的旋轉半徑。

5 將小螃蟹零件與珊瑚板組合,小螃蟹與
珊瑚板背面應該如步驟 4 圖中顯示。
步驟 4 圖中左邊的是防止下墜的機
關,右邊是小螃蟹的轉軸小圓蓋。

6 組裝完成如圖。珊瑚板底部取
50mm×45mm,高18mm的小
木塊製作,中間作12mm溝槽,
以固定珊瑚板塊。

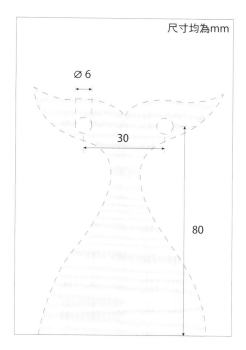

尺寸均為mm

Ø 6

30

80

7 依照圖中的尺寸在材料表中製作鯨魚的板材上鑽兩個圓心間距離30mm的6mm孔。造型可自由發揮，只要兩孔的間距以及距離底端的高度與上圖中相同（圖中的虛線代表造型可任意發揮）。

8 按照喜好描繪出喜歡的造型，我們示範的是鯨魚尾的造型。注意上圖中藍色的圓圈是對應步驟 7 圖中的孔。

9 畫好造型的木板上鑽斜度 5 度6mm的洞。若不希望從正面看得到插入的圓棒，可選擇不要穿透木片。若不穿透則記得從背面鑽孔。

10 取約2mm厚的兩片深淺不同的薄木片畫出海浪的造型。將海浪交錯相疊在一起產生前後景的感覺。將海浪片上白膠，再以木工夾夾緊膠合。完成品應如圖。

11 圖中左上角為了裝飾黏貼一顆愛心。若在步驟 **9** 圖的步驟選擇不貫穿圓孔則不會在正面看到兩個圓洞。

12 以虎鉗夾住圓棒，裁切兩根長165mm的6mm圓棒備用。

• 製作連接的橋樑 •

這次是以滑道的方式連接，運用重力的原理讓彈珠從上升機構滑向下降機構。正因如此滑道的平滑性就格外重要。若不夠平整滑順可導致衝力不足或卡住彈珠使得機構無法正常運作。

STEP 8

取材料表中連接空橋的板材，依照下圖 **1** 的尺寸描畫在木板上（圖中尺寸為1：1可直接轉貼使用）。沒有標記的孔洞尺寸可隨意鑽洞，不鑽也可以，簍空是為了透光效果，不影響機構運作。若選擇要鑽這些裝飾洞則注意不要把洞鑽太大了，不然彈珠會提早掉出來或直接卡在洞的上方，導致彈珠無法順利地滾到最末端的大洞。不掉進大洞裡就無法掉到螃蟹的蟹螯上。

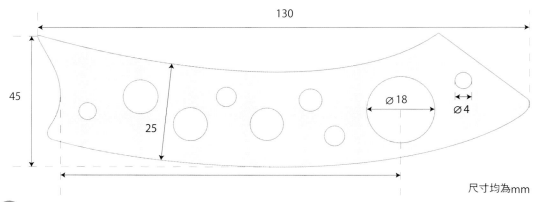

130

45

25

Ø 18

Ø 4

尺寸均為mm

1 依圖中尺寸進行簍空。

2 完成品如圖。滑道一端的弧度是參考上升機構中的圓片弧度製作（請參考下面的步驟 **4** 之圖）。

3 在滑道的側邊鑽兩個3mm的圓孔，這是用於固定滑道與上升機構，作用類似木釘。

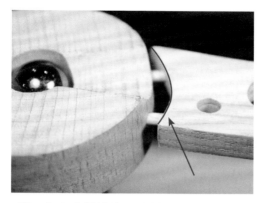

4 在上升機構的圓片側邊也鑽兩個對應的3mm孔洞並插入適當大小的圓棒固定，在下降機構的珊瑚板上端（上面的端面）鑽一個4mm的圓孔備用。珊瑚

板上鑽孔的位置因作品而異，可先將彈珠放在滑道測試從哪裡會最有效地掉入螃蟹的蟹螯凹槽中，確認後再鑽孔。

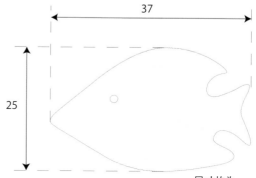

37

25

尺寸均為mm

5 取製作小魚的木板。木板畫上如圖中魚的輪廓。若想要小魚更加逗趣有變化性可以先取四塊顏色不同的小木條拼接而成條紋狀的木材，記得沿著長邊並排膠合，製作成一個小塊的拼板材料，再在這塊拼板材上面描畫魚的輪廓並裁切磨平邊角。

6 把小魚肚子鑽孔並與一根4mm的圓棒膠合。將小魚圓棒塞入步驟 **1** 圖中的滑道標示的4mm圓孔然後再塞入珊瑚頂端上的孔固定。

7 連接上升機構下降的滑道固定好後應如圖。注意圖中箭頭所指的位置滑道與上升機構的圓片並沒有完全無隙縫地黏合。這是為了能夠有效調整滑道的位置，因此只要彈珠不會卡在隙縫裡面，上升機構與滑道之間有隙縫不影響結構。若想節省時間也可以不要製作小魚，小魚在這裡只是裝飾用，跟結構沒有關係。

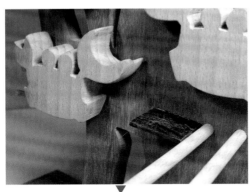

8 將切好的6mm圓棒塞入珊瑚板上對應的孔，如圖裁切一塊厚2mm薄板，黏
9 貼於珊瑚板上，作為彈珠與圓棒橋樑之間的連接板，尺寸依實際狀況調整。圓棒的另一端則塞入鯨魚尾上對應的孔（或當初畫的其他造型），彈珠應能在兩支6mm圓棒所形成的橋樑上滾動。橋樑應是由窄而寬。滾至快撞到鯨魚尾巴時橋樑中的縫隙應寬到能讓彈珠掉落至滑道。若橋樑稍窄可以銼刀將圓棒內側磨平，讓中間縫隙大到彈珠能在對的位置掉落。

10 刻鑿一個能將橋樑上掉下來的的彈珠重新引導到核心機構的軌道。軌道的彎度與形狀取決於彈珠何時從橋樑上掉下來，若較早掉下軌道可能要製成彎曲才能重新回到上升機構。若橋樑一直到核心機構的正前方才掉落彈珠，那麼軌道或許就可以刻成筆直的。刻鑿軌道的方法請參考本書P.14。鯨舞蟹蹈完成了！

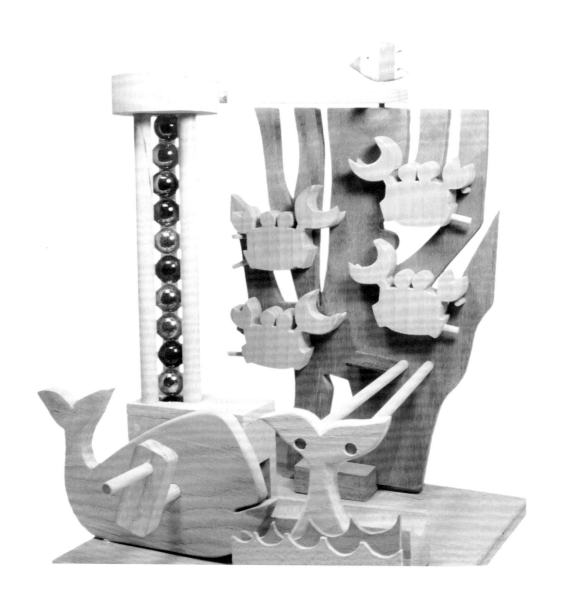

「各分東西」與本書中其他機構玩具略有不同，它不但考驗製造者的手藝，更考驗玩家的經驗值！上升機構使用古代戰場上投石機的機械原理，需要玩家多玩幾遍才能抓住那一收一放的時間點，準確地將彈珠投入碗內。若無法掌握這點，就無法運轉！是不是很有挑戰性呢？

難易度：★★★　　　　　　　　　　　　　　　　　完成尺寸：長30×寬30×高28cm

用 途	長 × 寬 × 高
投石機主體	60 mm×50 mm×20 mm 60 mm×25 mm×25 mm 100 mm×15 mm×15 mm 400 mm×25 mm×15 mm 150 mm×55 mm×15 mm 4 mm 圓棒×240 mm
凸輪相關	200 mm×20 mm×15 mm 60 mm×50 mm×20 mm 8 mm 圓棒×60 mm 12 mm 圓棒×130 mm
彈珠台	150 mm×150 mm×8 mm 3 mm 圓棒×220 mm
薄板	550 mm×10 mm×2 mm 600 mm×15 mm×2 mm 220 mm×20 mm×2 mm

用 途	長 × 寬 × 高
承接碗	85 mm×75 mm×15 mm 150 mm×150 mm×50 mm
支撐柱	720 mm×15 mm×15 mm 180 mm×15 mm×20 mm 950 mm×25 mm×30 mm 6 mm 圓棒×140 mm
木桶	50 mm×80 mm×50 mm
手刻滑道	120 mm×120 mm×15 mm
夾板（底座）	310 mm×300 mm×18 mm
黃銅棒	12 mm 圓棒×25 mm

—— 上列為備料尺寸。備料尺寸指材料所需之總和，非完成尺寸。 ——

步驟解構

STEP 1　❶ — ❼　　STEP 5　❶ — ⓫

STEP 2　❶ — ❿　　STEP 6　❶ — ❺

STEP 3　❶ — ❺　　STEP 7　❶ — ❿

STEP 4　❶ — ❾　　STEP 8　❶ — ❻

• 仿古代投石器 •

在古代，投石器被視為重要戰略武器之一，其機動性與射程距離皆非常重要。如今的我們雖無法重現壯闊的景色，但我們可以將尺寸迷你化，體驗那流星般投射的快感。此機構的重點在於拿捏橡皮筋彈射的距離與漏斗位置的關係。

STEP 1

製作上升機構投石器的底座。

① 將材料表中的夾板裁成120×300mm與180×300mm兩塊夾板。依照右圖的尺寸在窄的夾板上畫線，要去除的廢料塗色避免鑽錯，將角鑿機深度設定為10mm。

② 依照標記將塗色的色塊一一鑽孔去除。鑽好後檢查孔深，孔深應不足以穿透夾板。以鑿刀把邊角修乾淨。這些孔洞將作為榫孔使用，因此修整的越精準屆時安裝零件時越不費力。

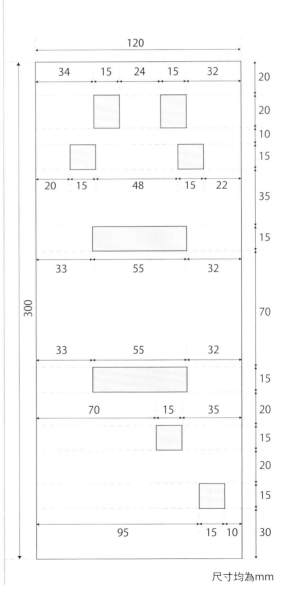

尺寸均為mm

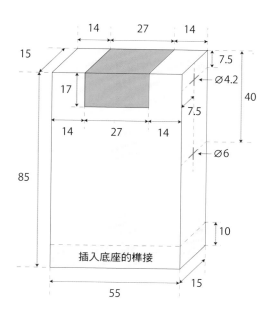

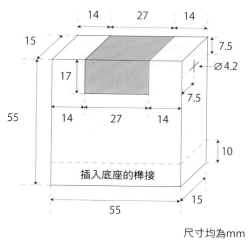

尺寸均為mm

③ 準備兩個依圖③所繪製寬度相同、長度不同的木塊,加以標記。

④ 以虎鉗將木塊夾住,安裝4.2mm的鑽頭。將木塊的左右兩邊依步驟③圖中紅色標記鑽孔,孔深20mm。兩塊木塊的側邊均如此。可選擇分鑽兩側或是一次鑽到底將整塊木頭貫穿。兩種方式均可行,選擇較為準確的方式即可。

⑤ 以帶鋸機切除步驟③圖中深橘色的部分。步驟⑥圖中箭頭指的是剛鑽好4.2mm圓孔的位置。切開深橘色的部分後取一根4mm的圓棒插入孔中,圓棒應能順暢地通過。

7 在步驟 **3** 圖中木塊側面標記的位置鑽一個6mm貫穿木料的圓孔。

STEP 2

現在要來製作投石機的主要結構。

2 按照步驟 **1** 圖中以帶鋸機粗略地將深綠／深藍色的區塊去除。切割時記得留線，不要直接切在線上，方便之後修整尺寸及磨邊。

1 尺寸均為mm
除了特別標示的尺寸之外
所有＋均鑽4mm圓孔

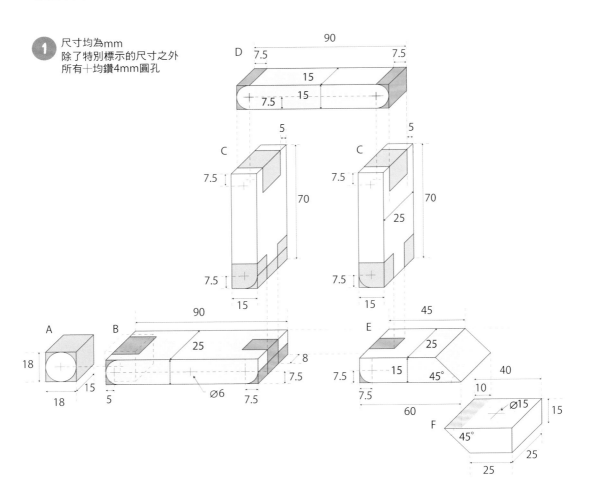

3 修整木料時，先將深度確認好並以鑿刀切斷木紋。先切斷木紋可避免修整時造成木料順著木紋裂開。

4 以虎鉗將木料夾住修整三缺榫。每回切下的木料應差不多是一張紙的厚度。修整完所有三缺榫後依照步驟①圖組合，在組合狀態下如圖示從側面鑽4mm的孔。

5 在木塊F標示的地方鑽15mm的孔用來承載彈珠。將旁邊的廢料依照黃色區塊去除，以供彈珠進珠。

6 此步驟中大部分曲形邊角均可以圓盤式砂磨機處理。在圓盤式砂光機上修整小木料時需特別專注，穩穩地拿著木料，避免木料脫手引起的危險。注意木料若是太小（小於20×20mm或比5mm薄）則不適合用砂光機，木料可能會被拉進縫隙裡面造成手背皮膚與砂光機的直接接觸。待快磨到鉛筆線時記得抓住木頭但是不要將木頭往圓盤壓，避免磨出焦痕。

7 圓弧形邊角在砂輪機上處理可提高效率，但相對較危險，請小心。

8 取25×25mm的長條木塊夾在車床長鼻夾爪上，車成直徑18mm的圓棒，稍微以較高番數的砂紙在車床上砂磨。

9 取4.2mm的鑽頭在圓棒中心鑽孔，深度約20mm。以分鑿畫線，依照步驟 **1** 圖中木塊A切出長15mm的木棒。木塊A至F製作完畢後應同下圖所示。

10 各部位圖示。

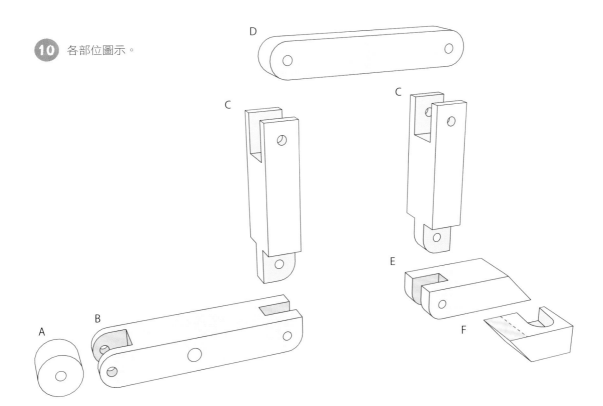

STEP 3

接著要製作能夠將**STEP 2**中所有零件結合連接起來的機構，也就是──轉軸。轉軸可以選用美術社買的現成圓棒，也可以自己利用車床車出圓棒。此機構除了一個要綁橡皮筋的6mm圓棒需要車出造型且要特別選擇硬木之外，其餘的轉軸都可以現成品切成所需長度即可。

2 以分鑿刻劃出寬約3mm，內縮1mm的凹槽。若分鑿更寬則可直接以分鑿寬度當作凹槽寬度。詳細尺寸參考步驟**3**圖。

1 選一根長條的木塊架在車床上，車成直徑6mm的圓棒。此轉軸是要用來綁橡皮筋，使其收縮發射，為整個結構裡最重要的轉軸，因此儘量選硬木（越硬越好），避免在橡皮筋的拉扯下轉軸被拉斷。

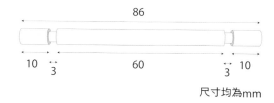

86

10 3 60 3 10

尺寸均為mm

3 轉軸尺寸圖上。

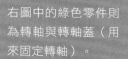

右圖中的綠色零件則為轉軸與轉軸蓋（用來固定轉軸）。

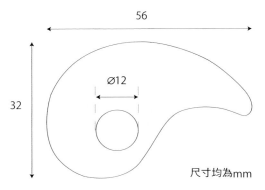

56

Ø12

32

尺寸均為mm

4 除了連接所有零件的轉軸之外,另一個讓整個機構運轉的核心零件就是凸輪。凸輪的外圈要盡量離中心有些距離(因為落差的差距決定投石機彈起的力量)。但是也不能夠作得太大或是彈得太遠,不然就不能在有限空間裡接到彈起的彈珠了。因此凸輪的大小跟凸度與承接碗的關係就很重要。

依圖製作凸輪,凸輪厚度為20mm,軸心直徑為12mm。圖為1:1的尺寸圖,可直接轉印在木頭上比照切割。

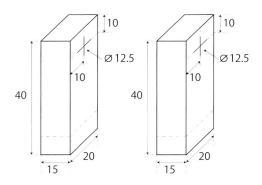

10

Ø12.5

10

40

15

20

10

Ø12.5

10

40

15

20

尺寸均為mm

5 按圖作出兩個同樣零件備用,作為轉軸固定架。

STEP 4

現在要來製作承接被投上來的彈珠的高台。高台會依著橡皮筋的強度(被投上來的高度)而改變高度。由於橡皮筋會隨著時間失去彈力,因此能夠適當的改變高台的長度很重要。高台除了要有承接彈珠的漏斗盤之外還要有能夠運送彈珠的滑道,所以高台也要有能夠安裝滑道的位置。

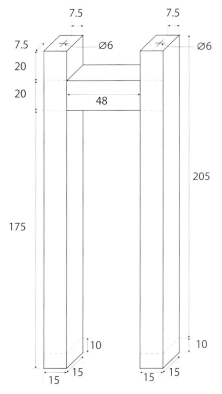

7.5

7.5

7.5

Ø6

Ø6

20

20

48

205

175

10

10

15

15

15

15

尺寸均為mm

1 準備兩根15×15mm長215mm的長棒。另外再準備一根15×20mm長48mm的短棒。依照圖在3根長棒的相應位置畫線。圖中底端的10mm將插入底座,露出來的高度為205mm。

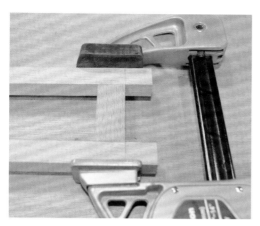

2 將短棒的端面均上白膠,按照步驟**1**圖中的位置將長短棒黏合。黏合時以快速夾施力固定。

3 在長棒的端面(靠近短棒那端)如步驟**1**圖標示處鑽6mm的圓孔,深約8mm。

4 取一支6mm的圓棒,每隔8mm作一個記號。以細工鋸鋸成一段一段長16mm的小短棒,共8支。

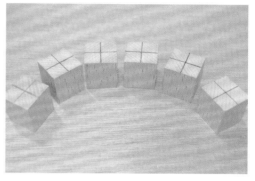

5 取材料表中15×15mm的支撐柱棒子,裁6個高20mm的小木塊。在每個小木塊的端面找到中心點(可畫十字或交叉)備用。

6 將所有小木塊排排站在虎鉗上夾好,端面朝上。先設定鑽孔的深度,確保貫穿木頭但不傷到虎鉗表面。可先取一塊比小木塊稍窄的木頭墊底,依序鑽洞。將小短棒插入鑽好的洞內8mm深黏合固定。完成品如圖。

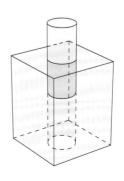

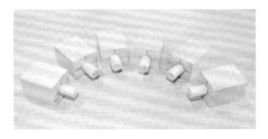

7 這些帶著圓椎的小木塊是用來調節高台的高度，以便高台跟著橡皮筋強度來調整高低。

8 取材料表中承接碗平台的板材，若材料允許可準備稍微大一點的，夾子會比較好夾。取18mm的鑽頭，設定深度為鑽頭尖端剛好刺穿木頭但不會整個穿透。在中心鑽孔。

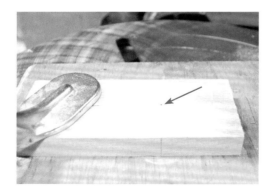

9 把木板反過來就會看到剛剛鑽頭尖端刺穿木頭的小圓點。這是要鑽洞的中心點。要鑽的洞會受承接碗大小的影響，因此這塊高台上的平台先不要鑽，在旁備用即可。

STEP 5

承接彈珠的碗雖然說是越大越深越容易接到彈珠，但若承接碗太大，整座機構的比例會失衡。因此製作在有效空間裡最大化的承接碗很重要。

1 取材料表中承接碗的板材，畫上直徑約140mm的圓圈並用帶鋸機切割粗胚。

2 將圓板以頂針固定，一端車出供夾頭用的圓椎。注意這個圓椎需要符合兩個條件，一個是要能夠以車床夾頭夾住；另一個就是要能夠坐在承接碗平台上（簡單來說圓椎的直徑要比平台的寬度窄）。圓椎就會是承接碗的碗足。

③ 車碗足時順手將承接碗的外型也一併製作出來。碗口儘量保留大一點，才能夠最有效率的擴大承接彈珠的碗面積。碗的厚度則不需要太深，大約40至55mm即可。

④ 從車床取下承接碗，以夾頭夾住碗足。可先以錐形頂針定位中心點後，再將夾頭鎖緊。夾緊後取下頂針與尾座，放置一旁。以碗鑿從內而外（或是從外往內，視個人習慣而定）逐漸去除廢料，一層一層的挖深碗料，慢慢修成碗的形狀。

⑤ 形狀挖好後可選擇要不要以砂紙磨平表面。表面光滑較好看；表面粗糙比較能夠阻止彈珠往外彈出。

▼

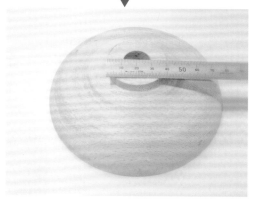

⑥ 裝回尾座，在活動鑽頭上裝上18mm的鑽頭，在碗的中央挖一個穿透的孔。碗
⑦ 足約40mm。

⑧ 將事前做的高台架在底座上，取一塊木料目測一下滑道尺寸。

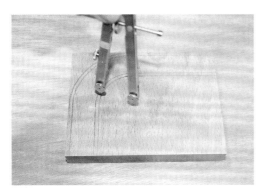

⑨ 在木板上畫上滑道應有的尺寸，轉彎處可以圓規協助，使轉角處更為平順好滑。

⑩ 依照畫好的滑道軌跡挖出滑道。如何挖滑道請參考P.14。

⑪ 根據承接碗的碗足鑽承接碗平台上的孔。大孔應該要卡住碗足（40mm）固定承接碗，小孔要與承接碗中心的孔對應，讓彈珠可以順著承接碗像漏斗一樣被送到滑道上。

STEP 6

終於可以開始組合上升機構囉！投石機部分按照下頁步驟❷圖中所示意的方式組合。試著上下撥動投石機構，若發現某幾個角度沒有辦法靈活運動，可能就需要如步驟❶圖中對固定架的弧度作一些微調。

① 可以雕刻刀修整弧度。

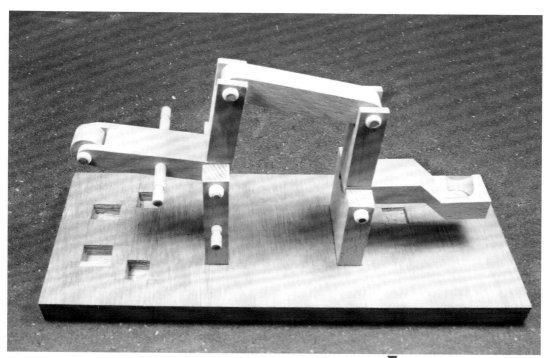

② 投石機部分完成應如圖。並依圖的方式安裝凸輪。注意凸輪安裝的方向要符合轉軸旋轉的方向。若安裝方向錯誤會導致凸輪卡住。

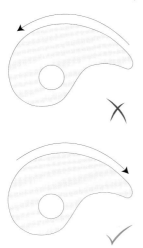

③

5 將承接碗平台卡入高台架端面的榫孔中。高台架可使用先前作的零件，再依橡皮筋的彈力跟彈珠彈起的高度調整高台架的高度。

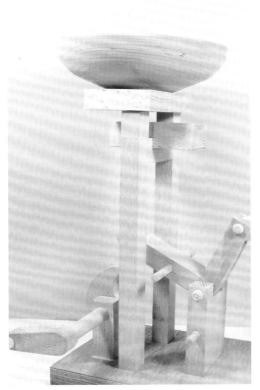

4 緊接著將承接碗高台架卡進底座中，並在高台架的橫桿上架上滑道（注意滑道的位置要剛好在承接碗中間的孔正下方，彈珠才能夠順著承接碗掉在滑道上）。

● 彈珠台下降機構 ●

至此我們差不多將上升機構製作完畢。至於下降機構有點像我們在夜市玩的彈珠台。首先彈珠會順著滑道滾落在木桶裡,木桶因為彈珠的重量傾斜。翻倒後的木桶把彈珠又倒進了一個會分左右邊的彈珠軌道。最後再經由另一條滑道再將彈珠送回原本的投石台。

STEP 7

製作承接彈珠的木桶、彈珠台、銜接滑道及進珠擋閥。

1 首先來製作木桶的部分。將木頭車成45mm的圓柱。以夾頭夾住一端。

2 大約在50mm的位置(此為木桶的高度)以斜鑿或分鑿劃一圈記號,記號

為木桶的底端(注意木桶高度不可以太高,若木桶太高則會造成整座機構需要為了配合木桶而一致抬高)。

3 取30至40mm的鑽頭(以現有為主,大小不用太苛求)在木桶的中心鑽洞。記得在鑽頭上作記號,桶身為50mm時鑽頭鑽約30mm的深度即可(木桶底端保留約20mm的厚度)。

4 鑽好洞的木桶應如圖。可以選擇不要修整木桶內部,因為光是鑽洞就可以達到木桶所需的承載彈珠功能。但若追求美觀可再以鑿刀修繕木桶內部。內部完成後修繕木頭表面並以砂紙磨平邊角。從車床上切下木桶。

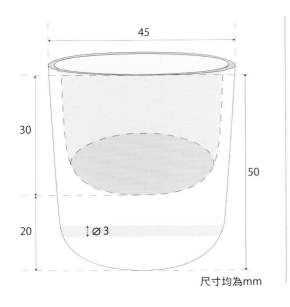

45

30

50

20

↕Ø 3

尺寸均為mm

5 完成的木桶尺寸應如圖。在厚達20mm的木桶底部鑽一個貫穿木桶的3mm圓孔（作木桶旋轉的軸心）。

接著製作彈珠台的主要構件──檯面。檯面是由木板與薄木片製作完成的簡單木作。

依照步驟 **6** 圖在150×150mm的木板上畫出圖形。可將圖直接放大200%複印使用。將寬10mm的薄木片依照圖中的尺寸裁切並黏貼在彈珠台上。因為薄板很薄，在黏貼時要不停確認位置有沒有偏移，若等乾了要再調整會很麻煩。

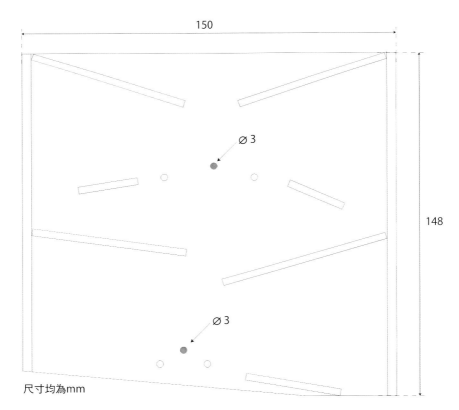

150

148

Ø 3

Ø 3

尺寸均為mm

6 彈珠台中有6個圓圈。紅色的圓圈是示意要鑽3mm的圓孔當作旋轉軸心使用，因此要貫穿檯面。黃色的圓圈是作為插固定圓棒用的榫孔，可以選擇是否要穿透檯面。固定的圓棒會限制倒T形木片的旋轉角度，從而控制彈珠的滑行軌跡。

7 完成品應同圖，彈珠台面中間的兩個倒T形木片要能夠交替地將彈珠分送往左右兩邊的滑道才算成功。若倒T形木片無法順利傳送則需作個別零件的微調。彈珠台兩邊的側板以寬15mm的薄板圍起，避免彈珠從旁掉落。

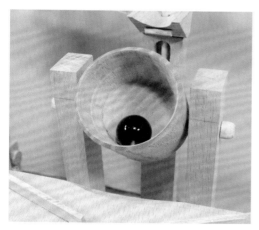

8 以兩根長木棍架高木桶的高度。彈珠台應該在比木桶轉90度時的水平線再下來一些的位置。木桶往下墜時能正好將彈珠倒出來又不至於翻轉過頭。

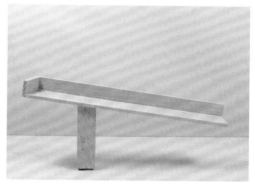

9 製作從彈珠台滑出時承接彈珠再將其送回上升機構的滑道。因為這個滑道是完全直線無轉彎，所以可以選擇直接以木板在兩邊黏貼木片的簡易型滑道或是手工刻滑道。圖中滑道只有一面有黏木片因為另一邊可以靠彈珠台和滑道的距離避免彈珠掉落。

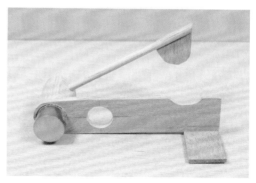

10 最後製作一個能夠限制每次只有一顆彈珠能夠通過的擋閥。擋閥的一端需要安裝重錘使其每次被彈珠壓下後都能夠彈回來原本的位置。擋住彈珠的木片位置要根據現實轉況調整，兩片木頭之間的距離應該約等於一顆彈珠的寬度。

STEP 8

最後製作連接上升與下降機構的滑道就完成
所有的下降機構構件，再將所有下降零件都
組合在一起就完成下降機構了！

1 測量滑道所需要的長度與角度並挖出軌
跡。

2 首先將連接上升機構的滑道架高讓彈珠
能夠順著滑道掉入木桶中。注意可能
要修整滑道尾端的斜度讓木桶可以
正好在滑道的正下方（如圖中的箭
頭所示）。沒有彈珠時木桶應保持
垂直，若會傾向滑道可多黏一
根短木棒在滑道底下，限
制木桶的旋轉角度。

3 傾斜彈珠台安裝在木桶下，讓彈珠可以
從木桶倒出順利在檯面上滾動，最終掉
落到滑道上。

4 滑道安裝好讓彈珠滾動回上升機構。

5 彈珠閥門如圖中所示進行安裝。

6 最後為投石機上膛,綁上橡皮筋。注意橡皮筋的彈力要跟承接碗的高度配合,多試幾次以準確地彈進承接盤。可以使用調節用木塊控制承接碗的高度。「各分東西」便大功告成!

深埋城內

這座機構看起來是不是很像一座城堡？「深埋城內」使用升降機的機械原理，將彈珠從底下一路運到上面，猶如搭電梯進城堡一般。抵達頂端的彈珠則在薄薄的木片上跳躍而下，發出清脆的響聲，像公主穿著高跟鞋愉快的下樓，順著溜滑梯一路向下回到原處。這也是本書中唯一需要依靠蠟線來運作的機構。

難易度：★★★　　　　　　　　　　　　　　　　完成尺寸：長30×寬30×高30cm

110

材 料

用途	長 × 寬 × 高
上升齒輪	130 mm × 130 mm × 30 mm 120 mm × 120 mm × 20 mm 270 mm × 40 mm × 15 mm 50 mm × 15 mm × 15 mm 8 mm圓棒 × 420 mm
轉軸構件	340 mm × 45 mm × 10 mm 100 mm × 20 mm × 20 mm 70 mm × 70 mm × 10 mm 60 mm × 30mm × 15 mm 60 mm × 30 mm × 30 mm
薄板	300 mm × 45 mm × 2 mm 600 mm × 12 mm × 2 mm 700 mm × 20 mm × 5 mm 1500 mm × 15 mm × 2 mm
轉軸	4 mm圓棒 × 210 mm 6 mm圓棒 × 70 mm 12 mm圓棒 × 220 mm

用途	長 × 寬 × 高
城牆擋片	110 mm × 80 mm × 15 mm 400 mm × 15 mm × 2 mm（深色木） 600 mm × 15 mm × 2 mm（淺色木）
升降梯	60 mm × 50 mm × 15 mm 60 mm × 20 mm × 20 mm
城堡塊	680 mm × 40 mm × 40 mm（淺色木） 360 mm × 40 mm × 40 mm（深色木）
夾板（底座）	310 mm × 300 mm × 18 mm
黃銅棒	12 mm圓棒 × 60 mm
支柱	820 mm × 18 mm × 20
蠟線	900 mm

上列為備料尺寸。備料尺寸指材料所需之總和，非完成尺寸。

步驟解構

STEP 1	① — ⑨	STEP 5	① — ⑥
STEP 2	① — ⑦	STEP 6	① — ⑧
STEP 3	① — ⑧	STEP 7	① — ⑨
STEP 4	① — ⑩		

• 古城吊橋效應 •

古代的城堡為防止外敵入侵，周圍
都會挖上護城河，而城堡的大門
同時也會是渡過護城河的吊橋。當
城門打開（放下）時，城門即成吊
橋。這種兩用的機構既實用又美
觀。現代的我們雖然沒有辦法再作
出城門與護城河，卻可以學習這種
老式城門的機構。為了符合工作的
比例，稍微更改了一下老城門的鉸
鏈機構。

STEP 1

利用車床及治具，製作齒輪圓板並於側邊等
距鑽孔。

1 取材料表中上升齒輪的板材並以頂針架
在車床上車成直徑125mm厚度不小於
30mm的圓板。

2 車出一個約40mm直徑的圓榫供夾頭使
用（最適合夾頭尺寸的直徑會因夾頭而
異，基本上取夾頭能夠最接近正圓為最
恰當的圓徑）。

依圖在圓盤上標示出12個等距的放射
線，再以角尺將放射線垂直標示於圓圈
側面。

30°

120

尺寸均為mm

3 依圖在圓盤上標示出12個等距的放射
線，再以角尺將放射線垂直標示於圓圈
側面。

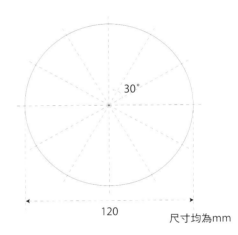

4 取一塊方整的厚木塊，將其裁切成於車
床刀架齊寬。找出木塊的中心點。在中
心點鑽一個8mm的圓孔。轉向90度並在
側面鎖上螺絲固定在刀架上，如圖。

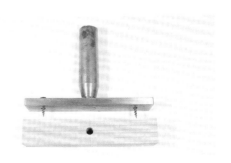

5 治具作完後應如圖,木塊正中央有一個8mm穿透的圓孔。

8 在12個等分放射線中心（如圖中所示）各鑽一個深20mm的孔。依序鑽孔直到繞了一整圈。利用車床本身的角度定位系統能夠有效率地提高鑽孔角度的精準度。車床上定位角度的方式會因機器而有所不同,製作前請詳閱該機型的使用說明書。

6 將圓塊鎖上夾頭固定在車床上,並裝上剛剛作好的刀架治具。手動電鑽裝上8mm的鑽頭穿過治具孔。

9 以小虎鉗將銅棒夾緊並以快速夾將虎鉗固定於工作桌上。這種可移動式小虎鉗通常有專門夾柱狀形物品的溝槽,記得檢查並利用此治具。以金屬鋸子鋸斷一根約20mm長的銅棒備用。

7 確認治具與圓板的位置。治具應該在留有足夠觀看鑽洞方位的情況下儘量靠近圓板的位置。

STEP 2

組裝上升機構中的齒輪。這個齒輪的精準度
會大大影響上升機構的順暢度,因此要小心
準確的製作。

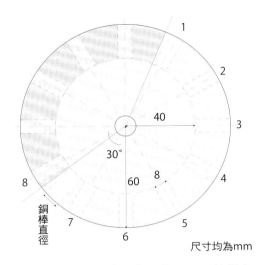

尺寸均為mm

1 找圓板中心畫一個內縮20mm的同心
圓,畫好後在中心鑽一個12mm的孔。
選7個圓板側邊鑽洞最精準的連續孔
洞,在第7與第8個孔洞之間鑽一個與銅
棒同樣直徑的圓孔,深約20mm,儘量
將孔鑽的靠近但不碰到8mm圓棒孔。

2 裁切7根長50mm的8mm圓棒。將圓棒
插入。成品如步驟 **3** 之圖,只有一半
的圓板有插8mm圓棒。亦可一開始就
在圓板側邊的12個中心點中選7個連續

中心點並只鑽7個孔。一次鑽12個孔的
好處是事後能夠挑選鑽的較為精準的孔
使用。將之前裁好的銅棒塞入第7與第8
個孔之間多鑽的那個孔中(如步驟 **2** 圖
箭頭所示)。

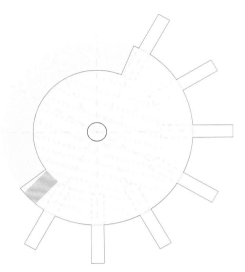

3 此步驟為步驟 **2** 圖的透視圖。可以看到
綠色的區塊代表8mm的圓棒,而紅色
的區塊代表被塞入圓板的銅棒。接著要
切除圖中塗藍色的區塊。去除藍色區塊
主要的目的是要減輕齒輪的重量負擔。
塞入銅棒也是為了要在齒輪的一邊加入
重錘,讓齒輪可以依靠重錘的力量運
作。另一方面去除藍色區塊可避免齒輪
交集時在不必要的地方卡住,導致運行
不順暢。

④ 裁切圓板的時候先將圓棒都拔出來避免切到，圓板沿著裁切線切除一塊，讓鋸片能夠輕鬆的進入並且沿著弧線切割。這樣能夠有效提升切割效率且避免鋸片因扭力崩斷。

⑤ 裁切後的零件應如圖。插入圓棒作最後的檢查，圓棒插入的深度可以不一樣，但是外露出來的圓棒長度要相同。確定外露長度後就將圓棒上膠與圓板黏合，凸輪完成。

依步驟**⑥**圖裁切兩塊厚15mm的木板。圖中紫色的區域是要去除的廢料。深橘色的部分則是要插入底座作為木榫使用。中央的孔洞鑽12.5或13mm皆可。儘量不要鑽剛好12mm，容易造成轉動不便。

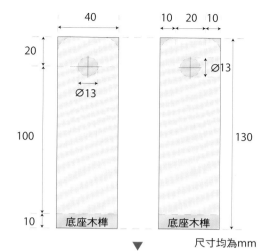

底座木榫　　底座木榫

尺寸均為mm

⑥ 在車床上車出一個直徑110mm，厚度10mm的圓板。在圓板側邊沿著圓周刻**⑦** 出一圈3mm寬的溝槽，如圖所示。

再製作左右兩個12mm小圓蘑菇蓋用來固定轉軸的12mm圓棒（作法請參照P.19）。

依照左蘑菇蓋→木架（如圖所示）→凸輪→木架→溝槽圓板（如圖所示）→右蘑菇蓋的順序將零件組裝起來備用。

STEP 3

以下要來製作整個機構的轉動核心，上升機構的轉軸部分是由許多個小零件組裝而成。完成的轉軸機構要能夠跟凸輪搭配才能順利地轉動上升機構。

首先準備與步驟❶圖相應的木料並依照圖片的尺寸圖加工零件。可以直接將圖影印放大200%描圖使用。圖中左下的兩個零件是一模一樣的。這兩個零件可依照個人喜好改變形狀，只要下端保持45mm且不影響整體孔洞與榫接的位置即可。

❷ 製作步驟❶圖的所有零件後，實物如步驟❷之圖（步驟❶圖與步驟❷圖中零件的位置對應）。左上角的零件可以變換造型，他的主要功能是讓12mm圓棒在裡面旋轉且限制前後擺動。

❶

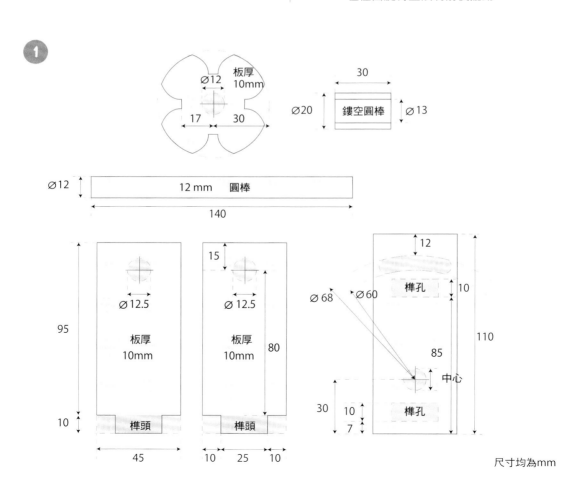

尺寸均為mm

③ 以12mm圓棒穿過圖中左上方的四齒齒輪，讓圓棒底端跟齒輪呈平面。以虎鉗夾住齒輪並鑽一個貫穿齒輪與圓棒的固定孔。為避免從虎鉗取下時齒輪與圓棒錯位，可先如上圖作出固定位置的記號。

④ 若圓棒與齒輪不呈平滑面，以細工具將圓棒凸出的地方鋸除。

⑤ 將步驟②圖中的所有零件如圖般組合起來則完成轉軸構件。

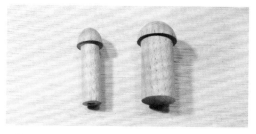

⑥ 製作一瘦一胖兩個蘑菇形插銷（在材料表轉軸構件中），瘦的蘑菇插銷為6mm，胖的則是12mm。製作成蘑菇狀是為了避免物體從插銷上方脫落。

⑦ 底座夾板裁成120mm×300mm與180mm×300mm的兩塊底座，取120mm×300mm底板找出最適合讓轉軸零件驅動凸輪構件的相對插銷位置。可以先取一段6mm與12mm的短圓棒並用熱熔膠暫時固定在底座上。找到最適合的位置作記號後取下，鑽相應的6mm與12mm圓孔位置。

8 將凸輪固定架插入底座中，安裝上凸輪與轉軸構件，以蘑菇狀插銷將轉軸構件固定。轉軸構件在同一方向轉動下，每一次到左右盡頭都會讓凸輪從反轉變正轉（或正轉變反轉）。記得根據轉動的情況設置障礙點，使轉軸構件不至於轉動過頭，導致回不去原本位置。

STEP 4

這次的上升結構雖然用的是古代城門吊橋的機關，但是比起吊橋它更像是「以上升吊橋的方式製作手動升降梯」。因為這個上升機構要拉動彈珠上升足足200mm左右。

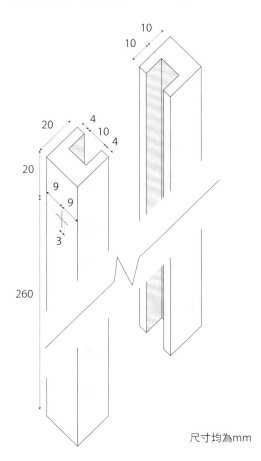

尺寸均為mm

1 從材料表中的支柱材料裁切長280mm的木條用來製作兩個左右對稱的升降梯固定架。如圖在中間挖一道溝槽，這是用來卡住升降梯並限制其僅能上下滑動。升降梯將以蠟線扯動控制上下移動，因此圖中距離固定架頂端20mm孔洞是為了穿過一個3mm的圓棒。圓棒是用來限制作為減輕繩子摩擦力作用的潤滑輪，以防止左右滑動。

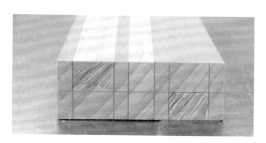

2 有許多種方式都可以製作出如步驟①圖中的升降梯固定架,在此我們將示範用圓鋸製作的方式。準備一塊45mm×18mm長280mm的木塊(材料表中無此尺寸,若要以圓鋸製作請另外備這片木材),依照步驟①圖的尺寸如圖二畫出標記。藍色區塊為最終要留下來的部分。

3 設定鋸片高度,鋸片最頂端應該要比鉛筆線再下來一點。若要使用開槽鋸片(dado blade)請確認是否寬度適合。

4 以推板先去除靠近外面的溝槽。Dado blade的舌片縫隙較大,切除時注意要讓推板緊靠導尺前進。完成後應如圖。

5 將木板反面,在另一面也開一個同樣的溝槽,這樣就可以製作左右對稱的溝槽。最後將中間的多於木頭切除即完成升降梯固定架。

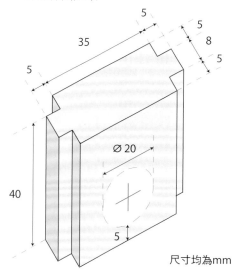

尺寸均為mm

6 製作彈珠升降梯的零件。圖為彈珠升降梯的示意尺寸圖,右下則是剖面圖。從右下的圖中可知彈珠升降梯板的進珠孔是要打斜5度角度的孔。打斜孔是為了到時候彈珠抵達滑道時能夠自然滑出升降梯。

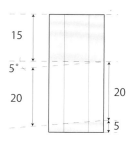

7 設定好鋸片高度。利用一塊方正的廢木料作為擋塊，調整好要切除的位置，在長木塊（使用長型木塊再切斷較好）尾端以快速夾夾上擋塊固定。鋸木時緊靠擋塊切除。將木頭翻面，在反面鋸一條一模一樣的鋸痕。

8 裁切完成後應如圖。這樣的裁切方式可以確保木塊兩面的深度與位置是相對精準。

9 依序切除多餘的部分，都切除完成時就把鋸片升高，並將整塊木頭切斷。

10 彈珠升降梯板製作完成後以銼刀將邊角修整磨平即完成升降梯板。彈珠升降梯板與升降梯板固定架完成後應如圖。

• 城堡滑道疊疊樂 •

城門就是要搭配城牆。不過既然我們的上升機構不是普通的城門，我們的下降機構自然也不普通。這次我們要用疊疊樂的概念堆疊出城堡。城牆與城牆之間以滑軌串聯，讓彈珠能夠忽明忽暗的出現，製造出趣味性。

STEP 5

製作薄板階梯，記得稍微調整角度會讓彈珠滑行的更順暢。

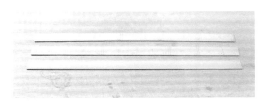

1 取材料表中寬12mm的薄木片。從50mm開始依序在木片上標記，每次遞減2mm，每個標記中間均隔3mm。記得給標記的木片上編號。

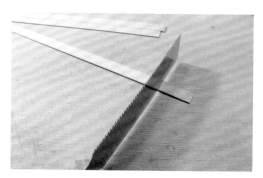

小，每個階梯都要隔約2分鐘黏貼，等膠稍為固定後再黏下一個階梯會比較容易。黏貼時記得讓除了最短的木片以外的所有均呈現向上抬起2度的角度。這是為了防止彈珠在滾動時滑落，限制彈珠僅能沿著木板牆滾動。最後一片，也是最短的一片，則向下斜2度，讓彈珠最後可以順利從階梯上滾出來。

2 以細工鋸將編號的木片依序切開分離，記得要切在編號與編號之間的3mm間隔內。

3 依照下圖的尺寸裁切一片有斜度的木板，木板厚度約5mm左右即可。圖中尺寸可直接影印放大200% 即為實際尺寸。右圖為側面圖，以左邊為最長，右邊最短的方式依序將剛才製作的薄木片黏貼在木板上。可以木工膠或白膠黏貼薄木片。因木片很薄因此黏貼面積很

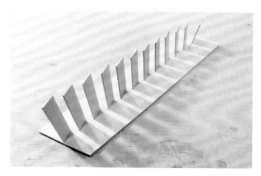

4 完成後應如圖。

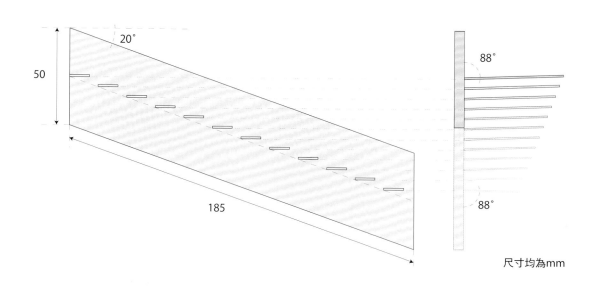

尺寸均為mm

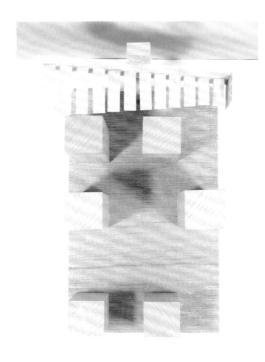

5 取一根木棒將階梯架高固定,於 180×300mm上。在底座上內縮10mm 並以鉛筆標示出40×40mm的方格。裁 切數個40mm的立方體並依照個人喜好 在底座內排列。排列方式不受限,但切 記彈珠是從高處往低處滾動,因此動線 也應該是由高至低。

6 若欲增加趣味性也可以不同木色來讓色 彩更加具豐富性。例如,以胡桃木與山 毛櫸一深一淺兩種顏色來堆疊城堡。

STEP 6

利用立方體製作木塊城堡,並於立方體內挖 鑿軌道,讓彈珠若隱若現的穿梭於城堡間。

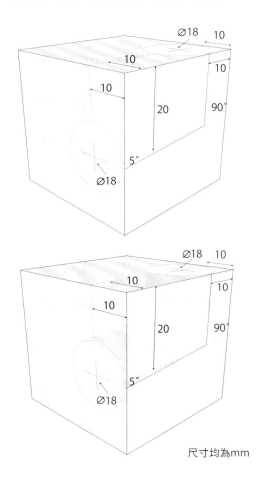

尺寸均為mm

1 在立方體上畫出想要挖鑿的孔洞,切記 要一進一出,且鑽孔時避免不小心鑽破 立方體。若是要由立方體上端進,側邊 出,上端的孔洞只需筆直的向下鑽,彈 珠自然會落下。但在立方體裡面要從側 邊出來則需給彈珠通道一點斜度才有辦 法順勢滑出。因此在鑽孔時,先標記出 欲鑽孔的深度,注意標記畫線時,畫線 的是鑽孔位置而不是實際深度或寬度。 可以把它想像成一個球體的中心點,因 此前後左右都要預留至少比鑽頭半徑還

要再多1mm左右的距離才可以避免木頭被鑽破。在想要鑽的深度（減去鑽孔半徑）的點上用角度規調5度，由內向外斜，在5度斜線與上方的孔交集的點為鑽孔處（如圖）。側邊孔洞鑽5度斜度，上方孔鑽垂直，但都不要鑽到標示深度，而是如圖般鑽到兩個通道快要匯集的點即可。其餘以手工具挖鑿，這樣才較能確保彈珠運行順暢。

2 立方體中剩餘的木料以雕刻刀將其去除。雕刻刀因刀子很長，所以能有效的深入孔洞內挖掘木料。以刮除的方式雖進展較慢，但能夠有效且相對平滑地將廢料慢慢去除。從兩頭的孔洞來回挖鑿能夠比較容易掌握到挖掘的深度，出來的成品也更符合需求。一邊挖鑿廢料也可一邊放彈珠進去通道測試彈珠是否能夠從上端進去並從側邊出。若是要由側邊入並從側邊出，則注意兩頭的孔洞都要鑽出斜度，不然到時彈珠會卡在立方體裡面滾不出來。

3 視城堡各個台柱高度而定，有時候也會需要讓彈珠從立方體上端滑行通過。先畫出彈珠滑行的軌道，注意進珠的點一定會比出珠的點要高，才可以確保彈珠會順著斜度滑行，圖中左邊的滑道就要比右邊的高，這樣彈珠才會順利地從左滑到右。

4 以虎鉗將立方體夾住。以小虎鉗就直接夾中間，若使用桌邊的大虎鉗則可在另一端也夾一個立方體，這樣可讓虎鉗夾緊時平均受力而不會向一邊歪斜。

5 以雕刻刀先從通道的兩邊挖，挖到指定深度為止。中間可先留著不動，主要是先把通道的兩個邊角挖出深度與寬度，如圖。先挖兩頭以防止挖通道時挖至邊緣不慎引起的木紋撕裂現象。另外，先挖兩頭後挖通道可不用一直確認通道深度，只要挖至已設定好的深度即可。兩頭挖完後就可以直接挖通道的溝槽將兩頭連結起來。通道要一個比一個距離底座高度遞減向下，彈珠才能夠一直往下滑。

6 現在要開始把城堡高台內的通道全部都串連起來。找幾塊約5mm左右厚度的木板，裁成寬度20mm的木條。根據連接高台通道的需要裁切成適當的角度與斜度，使得下降階梯，城堡高台，及最後重返上升機構的通道得以連結起來。重返上升機構的滑道屆時會大概距離底座45mm，因此下降機構的城堡通道最後的出珠點不可低於45mm。

7 在木板兩側貼上薄木片，薄木片約1mm厚15mm寬，垂直90度貼在木板的兩側作為滑道的檔板。步驟**6**圖中左邊彈珠通道是由立方體上端經過而非通過立方體內部，上端通道製作方式如上述，挖出彈珠通道。

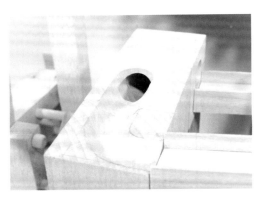

8 從立方體上方經過的彈珠通道配合由上掉落從側邊出來的彈珠通道即可完成視覺上頗具動感跟趣味性的忽明忽暗的彈珠傳動方式。彈珠在帶檔板的滑道以及立方體上端的通道時是可見的，但當進入立方體內的通道時則會暫時從視覺上消失，之後再出現。這樣一下出現一下消失的效果是此下降機構的重點。

STEP 7

製作完成升降梯及裝飾木板，並用滑軌連結
上升和下降機構。

1　取之前製作的彈珠升降梯，將升降梯板
上端10mm處左右各切除15mm，留中
間的5mm並在中心鑽一個1.5mm的圓
孔。圓孔到時會用來吊升降梯的繩子，
拉動升降梯上下滑動。

2　如P.119中所示，彈珠升降梯板需鑽有
角度的孔。在彈珠升降梯標示處以虎鉗
調整5度並鑽孔。記得在彈珠升降梯底
下墊一塊廢木料，因為要將彈珠升降梯
整個鑽透，若沒有墊木則會傷到虎鉗。
若有事先設定彈珠升降梯哪一面是面向
上升機構，則注意5度斜孔的方向是斜
向何處。彈珠升降梯的孔洞應該是面向
下降機構那一邊為低處，這樣升降梯才
能夠順利從上升機構滾動至下降機構。

3　裁兩截短短的銅棒，在彈珠升降梯頂端
用符合銅棒直徑的鑽頭鑽兩個淺淺的孔
並將銅棒塞入孔中。可事先在孔洞裡用
一點白膠或是木工膠來加強固定銅棒。
銅棒是用作升降梯的重錘，讓升降梯在
沒有彈珠的情況下可以自然地順著繩子
向下墜，以提高升降梯升降的滑順度。

4　裁切數根寬10厚2至3mm的木條，用刮
板將表面刮至摸了不刺手。

5　準備深淺兩種顏色的木片。將深色的
木片裁成30mm，淺色的木片則切成
40mm的一段一段。深淺交錯的堆疊成
為寬70mm高140mm的城牆。若木片
不平整不需要刻意磨平，可讓城牆看起
來有點斑駁的感覺。

6 製作一個寬70厚12高40mm的基座，在基座側面黏貼四片城牆木片，基座上面則黏貼剛才製作的高140mm的深淺城牆，總計高180×寬70mm的城牆備用。牆面會直接黏貼在升降梯固定架的側面，因此現在若無法獨立站立沒關係。

7 將升降梯固定架插入底座中固定，在固定架中放入彈珠升降梯板。升降梯板上方穿入繩子，試著上下移動確認升降梯板升降的平滑性。

8 製作連結下降機構與彈珠升降梯的滑軌，製作方式如 P.124 所示。將之前完成的固定架逐一插入底座當中固定。

9 把剛剛製作的城牆牆面固定在升降梯固定架面向下降機構的一面，城牆可防止彈珠提早從升降梯裡滑出。將之前在升降梯固定架側邊鑽的3mm圓孔插入3mm圓棒作為轉軸。如圖製作兩個轉動輪，轉動輪會隨著繩子的拉扯而旋轉，進而減少繩子的摩擦力，延長繩

子的壽命，將兩個轉動輪套入3mm圓棒中，因為轉動輪需要旋轉，所以不能固定在圓棒上，而是要用兩個固定片限制轉動輪左右擺動。最後再在圓棒底端套入轉軸蓋（作法請參

照P.18）。測量彈珠升降梯到下降階梯的距離並雕出一個連結兩者的軌道。最後製作轉動整個機構的把手，形狀可自由發揮。將上升和下降機構組合起來即完成「深埋城內」！

國家圖書館出版品預行編目(CIP)資料

邊讀・邊作・邊玩！機構木工玩具製作全書 /
劉玉珺, 蔡淑玫著
-- 二版. -- 新北市：良品文化館：雅書堂文化事
業有限公司發行, 2021.05
　　面；　公分. -- (手作良品 ; 68)
ISBN 978-986-7627-36-0(平裝)

1.玩具 2.木工

479.8　　　　　　　　　　　110005248

手作🖐良品　68

邊讀・邊作・邊玩！
機構木工玩具製作全書（暢銷版）

作　　　者／劉玉珺・蔡淑玫

繪 本 繪 者／田歆

發　行　人／詹慶和

執 行 編 輯／李佳穎・陳姿伶

編　　　輯／蔡毓玲・劉蕙寧・黃璟安

執 行 美 編／韓欣恬

美 術 編 輯／陳麗娜・周盈汝

內 頁 排 版／韓欣恬

出　版　者／良品文化館

戶　　　名／雅書堂文化事業有限公司

郵政劃撥帳號／18225950

地　　　址／220新北市板橋區板新路206號3樓

電 子 信 箱／elegant.books@msa.hinet.net

電　　　話／(02)8952-4078

傳　　　真／(02)8952-4084

2017年9月初版一刷
2021年5月二版一刷　定價 450元

經銷／易可數位行銷股份有限公司
地址／新北市新店區寶橋路235巷6弄3號5樓
電話／(02)8911-0825　傳真／(02)8911-0801

敲敲 打打

假日木匠大玩居家布置

本圖摘自《會呼吸&有溫度の白×綠木作設計書》

手作良品03
自己動手打造超人氣木作
作者：DIY MAGAZINE
「DOPA!」編輯部
定價：450元
18.5×26公分・192頁・彩色＋單色

手作良品02
圓滿家庭木作計畫
作者：DIY MAGAZINE
「DOPA!」編輯部
定價：450元
21×23.5cm・208頁・彩色＋單色

手作良品05
原創&手感木作家具DIY
作者：NHK
定價：320元
19×26cm・104頁・全彩

手作良品20
自然風・
手作木家具×打造美好空間
作者：日本VOGUE社
定價：350元
21×28cm・104頁・彩色

手作良品10
木工職人刨修技法
作者：DIY MAGAZINE 「DOPA!」
編集部　太卷隆信・杉田豐久
定價：480元
19×26cm・180頁・彩色＋單色

手作良品32
初學者零失敗！
自然風設計家居DIY
作者：成美堂出版
定價：380元
21×26公分・128頁・彩色

手作良品45
動手作雜貨玩布置
自然風簡單家飾DIY
作者：foglia
定價：350元
14.7×21公分・136頁・彩色

手作良品51
會呼吸&有溫度的
白×綠木作設計書
作者：日本ヴォーグ社
定價：350元
21×27 cm・80頁・彩色

手作良品66
我愛極簡風
高品質的理想生活整理術
作者：朝日新聞出版
定價：380元
21×26cm・136頁・彩色

手作良品58
居家空間設計美學
作者：主婦の友社
定價：380元
21×26公分・120頁・彩色

手作良品61
地表最強整理術！
理想生活的收納&整理守則
作者：朝日新聞出版
定價：380元
21×26公分・136頁・彩色

手作良品65
雜貨迷必收！
森林系小小雜貨布置點子100
作者：主婦と生活社
定價：380元
21×29.7 cm・112頁・彩色

Entrance

改造手邊的風格小物，趣味小巧思打造質感空間！

除了DIY製作方法之外，
更能掌握日系新美學的雜貨布置訣竅，
使居家呈現柔和簡約的清爽氛圍，
營造出輕北歐風的自然風格。

手作良品45

動手作雜貨玩布置
自然風簡單家飾DIY
foglia ◎著　定價：350元

小海龜綠茶の
走走冒險

作者／劉玉珺・蔡淑玫　繪圖／田歆

在蔚藍的大海深處，
住著一隻叫作「綠茶」的小海龜。

海龜媽媽常警告綠茶：
「海洋是一個花花世界，
充滿了各種危險與誘惑，
千萬不要離開媽媽的身邊哦！」

要等到成年後，
才能夠自由地探險！

3

可是綠茶，對外面的世界
實在是太好奇了。

有一天，
趁著媽媽睡午覺的時候，綠茶悄悄地離開了家……
「外頭到底有些什麼新奇的事物呢？」
決定就此展開了一段冒險旅程。

離開家不久後，
他看見一隻章魚急急忙忙地向前游去。
好奇的綠茶便跟著他一直游一直游……

突然間，
他被眼前的景象嚇了一大跳！
「這個龐然大物難道就是魟魚老師說的
海洋殺手——鯨魚先生嗎？」

鯨魚先生張開了大嘴，
一口將一旁游來游去的魚蝦們
都吞進肚子裡！

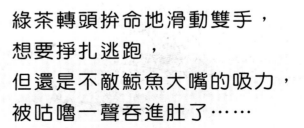

綠茶轉頭拚命地滑動雙手，
想要掙扎逃跑，
但還是不敵鯨魚大嘴的吸力，
被咕嚕一聲吞進肚了……

這下該怎麼辦呢？

「媽媽！救命啊！
我錯了，我不應該亂跑的！」

綠茶在黑暗中大喊著。

綠茶和其他小魚小蝦
被一道強烈的水流往上推。
終於他的眼前一亮，
重現了光明，看見蔚藍的天空！

被水柱噴出來的小魚小蝦們
開心地哈哈大笑，

「飛上天空好好玩！我要再玩一次！」

綠茶想要加入他們的行列，
但不小心滑了一跤……

轉啊轉地翻滾了好幾圈，
跌坐在一個階梯前面，

綠茶決定
爬上去一探究竟！

12

綠茶看見了一個華麗的旋轉梯，
還有一個咚咚作響的階梯。

又要下去了嗎？

好像沒有退路了！
就大膽地往前衝吧！

剎那間，
綠茶被水流沖得團團轉。

　　　　終於停下來後，
　　　　他聽見一陣陣的歡呼聲。

原來是一群可愛的小丑魚
推著圓滾滾的彩色果實，
他們正用力地將果實丟進奇怪的大漏斗中。
「這到底是什麼遊戲呢？」

藍色和綠色果實被分別裝進
不同的簍子中。

綠色果實的簍子旁，
還站著兩名高高大大的守衛！

有一粒綠色果實滾到綠茶的腳邊，
綠茶趁沒人注意，好奇地嚐了一口。

沒想到味道竟是如此鮮美，
甜滋滋地讓他一口接一口，
然後……

沉沉地睡著了。

「碰！」地一聲巨響，綠茶驚醒了。
在他的眼前出現一座巨大的城堡！

走進城堡後，城門被關了起來。
他感覺到後面有人在推他！

想要逃跑，
卻被士兵們抓了回來。

不要啊啊
啊！！！

沒有人可以
離開這裡！
你死心吧！

綠茶急切地東張西望，
突然間看到轉角
有一個不起眼的小門。

20

他順手一推，門一轉，
門居然被推開了！

他回頭想叫士兵們，
但士兵們都毫無反應。

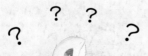

「為什麼大家不出去呢？」
但綠茶只能趕快地往門外衝去。

綠茶拚命地跑著，跑著，
夜色漸漸地暗了。
又累又餓的綠茶彷彿看到
前方不遠處有燈火閃爍。

走近一看，
原來是個小村莊，
有好幾間房子並排著 。

綠茶敲了第一家的門，
沒有人回應。

接著又敲了第二家的門，
還是沒有動靜。

第三家、第四家……
還是沒有回應，

這，到底是怎麼回事呢？

23

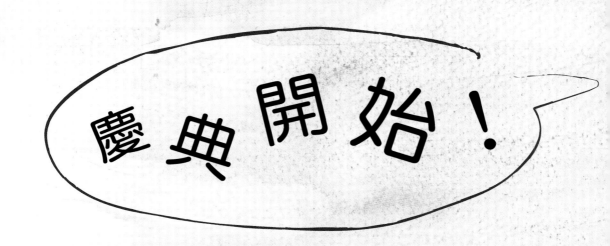

慶典開始！

就在綠茶不知所措時，
遠處傳來了熱鬧的聲響。

循著聲音的來源游去，
綠茶看到村民們
圍繞在一個大轉盤的前方，
一個接著一個地坐上轉盤的圓圈圈。

轉盤轉啊轉的，轉到最高處的時候
大家居然勇敢地一躍而下！
落在一棵高大的神木樹梢，
再從神木上滑下來，
看起來好好玩喔！

綠茶覺得真是太有趣了！
顧不得肚子餓得咕嚕咕嚕叫，
也興高采烈地加入了村民的行列。

一次又一次的旋轉，
綠茶終於耗盡了體力，
眼冒金星地昏了過去。

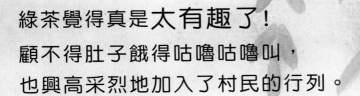

綠茶睜著惺忪的睡眼，伸著懶腰，
飯香一陣陣地飄來，
肚子咕嚕咕嚕叫得更厲害了。

媽媽正叫著綠茶呢！
綠茶一看到餐桌上
豐盛的早餐，
開心極了，
忍不住一把
抱住媽媽激動地說：

「媽媽，我好愛妳啊！」

兒子！
起床了！

28

學校裡的滑梯
一樣是那麼有趣，
綠茶和同學們唱歌、
跳舞著，好開心！

不同的是，
一粒帶來期待的綠色種子，
已經在小海龜綠茶的心裡悄悄地發芽了呢！